国网冀北电力有限公司输变电工程通用设计
110~220kV 智能变电站模块化建设通用设计

国网冀北电力有限公司经济技术研究院　组编　姜宇　主编

中国水利水电出版社
www.waterpub.com.cn

·北京·

内 容 提 要

　　编者基于国网公司 220kV 智能变电站模块化建设通用设计方案（220kV A3-2）以及 35～110kV 智能变电站模块化建设通用设计方案（110kV A3-2 和 A3-3），对冀北地区智能变电站 1 个 220kV [220kV-A3-2]、2 个 110kV [110kV-A3-2、110kV-A3-3] 通用设计方案编制施工图深度的全专业设计及相关施工说明、材料清册、工程量清单、计算书和技术规范书的典型设计研究，以固化工程建设关键节点的关联业务内容。

　　本书分为总的部分、技术导则——220kV 等级、技术导则——110kV 等级、冀北通用设计实施方案四篇。其中第一篇包括概述、编制过程、设计依据、通用设计使用说明、技术方案适用条件及技术特点，第二篇包括 220kV 智能变电站模块化建设通用设计技术导则。第三篇包括 110kV 智能变电站模块化建设通用设计技术导则。第四篇包括 JB-220-A3-2、JB-110-A3-2、JB-110-A3-3 通用设计实施方案，分别介绍了方案设计说明、卷册目录、主要图纸、主要计算书和主要设备材料表。

　　本书可供冀北地区及其他相关地区从事电力工程规划、设计、施工、安装、生产运行等专业技术人员和管理人员使用，也可供大专院校有关专业的师生参考。

图书在版编目（ＣＩＰ）数据

国网冀北电力有限公司输变电工程通用设计. 110～220kV智能变电站模块化建设通用设计 / 姜宇主编；国网冀北电力有限公司经济技术研究院组编. -- 北京：中国水利水电出版社，2022.11
ISBN 978-7-5226-1139-6

Ⅰ. ①国… Ⅱ. ①姜… ②国… Ⅲ. ①智能系统－变电所－电力工程－工程设计 Ⅳ. ①TM63

中国版本图书馆CIP数据核字(2022)第228365号

书　名	国网冀北电力有限公司输变电工程通用设计 110～220kV 智能变电站模块化建设通用设计 GUOWANG JIBEI DIANLI YOUXIAN GONGSI SHUBIANDIAN GONGCHENG TONGYONG SHEJI 110～220kV ZHINENG BIAN-DIANZHAN MOKUAIHUA JIANSHE TONGYONG SHEJI
作　者	国网冀北电力有限公司经济技术研究院　组编 姜 宇　主编
出版发行	中国水利水电出版社 （北京市海淀区玉渊潭南路 1 号 D 座　100038） 网址：www.waterpub.com.cn E-mail：sales@mwr.gov.cn 电话：（010）68545888（营销中心）
经　售	北京科水图书销售有限公司 电话：（010）68545874、63202643 全国各地新华书店和相关出版物销售网点
排　版	中国水利水电出版社微机排版中心
印　刷	清淞永业（天津）印刷有限公司
规　格	297mm×210mm　横16开　13.75印张　466千字　2插页
版　次	2022 年 11 月第 1 版　2022 年 11 月第 1 次印刷
印　数	0001—1000 册
定　价	**298.00 元**（附光盘 1 张）

凡购买我社图书，如有缺页、倒页、脱页的，本社营销中心负责调换

本书编委会

主　编：姜　宇

编写组：许　颖　王守鹏　李栋梁　陈　蕾　赵旷怡　石振江　夏永刚　李　伟
　　　　王永永　穆怀天　庞　旭　徐雨生　赵福旺　赵忠泽　张　岩　吕　科
　　　　徐　畅　郭金亮　张立斌　高　杨　郭　昊　谢景海　敖翠玲　傅守强
　　　　孙　密　郭　嘉　苏东禹　李晗宇　田伟堃　许　芳　肖　巍　丁　钰
　　　　韩　锐　运晨超

前言

为解决常规变电站建设模式存在的占地多、现场施工量大、周期长、建设质量难以掌控、二次设备接线工作量大等问题，国家电网有限公司基建部于 2013 年提出了以"标准化设计、工厂化加工、装配式建设"为建设思路的模块化变电站建设方案，采用装配式建筑、预制舱式二次组合设备、预制光电缆等模块化技术，由厂家统一集成生产安装，提高设备集成度、大大减少现场工作量、节省变电站建筑面积，节约投资，提高工程建设质量。

2015 年 6 月，国家电网公司颁布了《国家电网公司输变电工程通用设计 110kV 智能变电站模块化建设（2015 年版）》（初步设计深度），标志着模块化变电站建设进入了全面推广阶段。按此要求，国网冀北电力有限公司 2015 年开始的 110kV 新建变电站均按照模块化建设方针开展。2016 年 12 月，国家电网公司颁布了《国家电网公司输变电工程通用设计 35～110kV 智能变电站模块化施工图（2016 年版）》，对 2015 年版的 35～110kV 智能变电站模块化建设方案进行了细化和调整。2017 年，国网基建部组织编写了《国家电网公司输变电工程通用设计 220kV 变电站模块化建设（2017 年版）》，并于 2018 年 6 月份颁布，从而正式将 220kV 变电站纳入模块化变电站建设全面推广范围。

为全面贯彻国网公司 110～220kV 变电站模块化建设方针，国网冀北电力有限公司组织国网冀北电力有限公司经济技术研究院、北京京研电力工程设计有限公司总结、吸收变电站模块化建设技术创新和实践成果，结合冀北地区自身地域、环境等特点，编制了《国网冀北电力有限公司输变电工程通用设计 110～220kV 智能变电站模块化建设通用设计》。

本书分为总的部分、技术导则——220kV等级、技术导则——110kV等级、冀北通用设计实施方案四篇。其中第一篇包括概述、编制过程、设计依据、通用设计使用说明、技术方案适用条件及技术特点，第二篇包括220kV智能变电站模块化建设通用设计技术导则。第三篇包括110kV智能变电站模块化建设通用设计技术导则。第四篇包括JB-220-A3-2、JB-110-A3-2、JB-110-A3-3通用设计实施方案，分别介绍了方案设计说明、卷册目录、主要图纸、主要计算书和主要设备材料表。

　　由于编者水平有限，不妥之处在所难免，敬请读者批评指正。

编者

2022年10月

目 录

第一篇

总 的 部 分

第1章 概　　述

1.1　目的和意义

2009年，国家电网公司（以下简称国网）发布了标准化建设成果目录，首次提出"通用设计、通用设备"（以下简称"两通"）应用要求。期间又多次发文更新"两通"应用目录，深化标准化建设成果应用。2016年，《国家电网公司基建部关于印发2016年推进智能变电站模块化建设工作要点的通知》（基建技术〔2016〕18号）明确110kV及以下智能变电站全面实施模块化建设，模块化建设是智能变电站基建技术的又一次重要变革与升级。如何通过深化应用"两通"，研究完善"模块化"家族的建设技术标准体系，实现"设计与设备统一、设备通用互换"，是持续推动标准化建设水平提升的必要条件。

近年来，随着电网飞速发展，国网冀北电力有限（以下简称冀北公司）公司110～220kV智能变电站建设规模急剧攀升，建设规模的大幅提升，规模化建设对智能变电站工程建设管理水平和建设标准体系应用提出了更高要求。由于各业务部门对"两通"等设计、设备类标准及技术原则的应用形式、范围、深度要求不一，造成建设管理全过程各关键环节的输入输出信息、重要工作文档、工作表单等内容及颗粒度差异性较大，制约了标准化建设水平的持续提升。由此，构建基于"两通"的智能变电站模块化建设技术标准体系，实现"两通"标准与模块化建设技术的统一融合，加快培养提升公司智能变电站模块化建设的能力和效率，是适应智能电网规模化建设的客观需要。

冀北地区担负着给京津地区供电的重任，电网建设不仅要考虑建设效率问题，还要考虑建设环境、社会环境、政治环境等因素，为贯彻落实国网"集团化运作、集约化发展、精益化管理、标准化建设"的管理要求，冀北公司建设部明确以标准化建设为主线，通过分析模块化建设全过程关键环节管控目标的潜在问题，应用国际通用的QQTC模型建立模块化建设技术标准体系，统一融合"两通"标准与模块化建设技术。体系突出包含规模、质量、进度、效益4个维度的项目建设全过程应用目标，重点着眼于提升项目可研设计、初步设计、物资采购、设计联络、施工图设计、施工作业流程管理等建设全过程关键环节的标准化管控水平。同时，通过全面开展模块化建设技术标准体系的常态化评价与改进机制，以建立该体系在项目建设全过程中的"公转"轨道。基于"两通"的智能变电站模块化建设技术标准体系在国网模块化建设示范工程中试点实践后，在工程建设效率与效益方面呈现了良好应用效果，实现了智能变电站工程建设管理模式的转型升级，因此，开展冀北地区220kV A3-2、110kV A3-2和110kV A3-3变电站模块化施工图通用设计具有重大的意义。

1.2　主要工作内容

基于国网2017年新修订完成的220kV智能变电站模块化建设通用设计方案，以及2016年修订完成的35～110kV智能变电站模块化建设通用设计方案，完成智能变电站 3 个（220kV A3 - 2、110kV A3 - 2 和 110kV A3 - 3）通用设计方案施工图深度的全套设计及相关施工说明、材料清册、工程量清单、计算书的典型设计研究，固化工程建设关键节点的关联业务内容，最大程度合理统一设计、设备、采购、施工，充分发挥规模效应和协同效应。该标准化设计形成的技术成果能适用于冀北地区 110～220kV 智能变电站设计、施工、调试和运维习惯，并可对实际工程的设计起到借鉴和参考作用。

施工图深度的全套设计资料包括符合国网 220kV 智能变电站模块化建设通用设计方案（220kVA3 - 2），以及 35～110kV 智能变电站模块化建设通用设计方案（110kV A3 - 2 和 110kV A3 - 3）、通用设备要求、符合施工图深度规定的电气一次、电气二次、土建专业施工图，各专业间统一模式，统一标准，资源共享，规范制图。

同时针对 3 个（220kV A3 - 2、110kV A3 - 2 和 110kV A3 - 3）通用设计方案施工图开展设备通用互换性深化研究工作，对 GIS 等 7 类电气一次主设备和监控系统等 25 类二次设备开展研究，固化设备通用接口相关要求，落实"标准化设计、工业化生产、装配式建设"理念，同时确保方案涉及的物资符合申报要求，实现施工图设计方案在工程实施中的落地。

此外，开展模块化变电站钢结构建筑物通用性深化研究工作，进一步优化提升标准钢结构设计方案整体性能及通用性。

1.3 编制原则

智能变电站模块化建设通用设计编制坚持"安全可靠、技术先进、投资合理、标准统一、运行高效"的设计原则。努力做到技术方案可靠性、先进性、经济性、适用性、统一性和灵活性的协调统一。

（1）可靠性。各个基本方案安全可靠，通过模块拼接得到的技术方案安全可靠。

（2）先进性。推广应用电网新技术，鼓励设计创新，设备选型先进合理，占地面积小，注重环保，各项技术经济指标先进合理。

（3）经济性。综合考虑工程初期投资、改（扩）建与运行费用，追求工程寿命期内最佳的企业经济效益。

（4）适用性。综合考虑各地区实际情况，基本方案涵盖唐山、张家口、秦皇岛、承德、廊坊五市，通过基本模块拼接满足各类型变电站应用需求，使得通用设计在冀北电网公司内具备广泛的适用性。

（5）统一性。统一建设标准、设计原则、设计深度、设备规范，保证工程建设统一性。

（6）灵活性。通用设计模块划分合理，接口灵活，方便方案拼接灵活使用。深化通用设计，达到施工图深度。梳理各省公司通用设计应用需求，严格执行通用设备"四统一"要求，整合应用标准工艺，编制 110kV、220kV 智能变电站模块化建设施工图通用设计，提高通用性。

第 2 章 编 制 过 程

2.1 编制方式

编制团队成立电气一次、电气二次、土建三个专业课题组，针对研究内容和考核目标制定分阶段实施方案，并定期召开编制工作进展会，协调编制过程推进的力度，对编制全过程进行控制，按时、按质量完成任务。

（1）广泛调研，征求意见。在现行智能变电站通用设计基础上，广泛调研应用需求，优化确定技术方案组合，并征求各市公司意见。

（2）统一组织，分工负责。冀北经研院统一组织经研体系力量编制。

（3）严格把关、保证质量。成立电气一次、电气二次、土建三个专业课题组，确保编制质量，保证按期完成。相关单位专家共同把关，保证设计成果质量。

（4）工程验证，全面推广。依托工程设计建设，应用模块化建设通用设计成果，修改完善并全面推广应用。

2.2 工作过程

110kV、220kV 模块化建设通用设计编制过程分为收资调研、关键技术研究、典型施工图编制、审查统稿及形成设计成果四个阶段。

1. 收资调研阶段

调研智能变电站施工图标准化技术的实际需求，确定具体研究方向和细节；联系冀北地区建设、运维、调试、施工及设备制造单位，摸清符合冀北要求的智能变电站施工图标准化的关键技术、相关设备的研究现状，包括其存在的技术瓶颈，寻找研究突破点；联系部分开展相关冀北地区施工图设计研究的兄弟设计院，针对智能变电站标准化技术与施工图典型设计的研究思路进行交流，掌握冀北地区典型设计研究的最新进展，吸收好的思路；通过网络、文献、现场考察等途径搜集国外智能变电站建设方面的最新成果和经验，为深化设计提供支撑。

2. 关键技术研究阶段

基于项目调研，明确 3 个（220kV A3-2、110kV A3-2 和 110kV A3-3）通用设计方案建设标准及技术原则的应用范围与颗粒度，根据建设流程向下分解并固化建设全过程各关键环节的输入输出信息，重要工作文档、工作表单等关联性标准化成果，确保各类建设标准统一、有效地执行与落地。

经与各部门充分沟通，各专业明确通用接口方案、总平面布置、电气设备选型、二次设备布置及组网形式、钢结构建筑物实施方案、施工图目录及图纸内容等关键研究技术，最终形成三个通用设计方案，经广泛征求意见、深化讨论、细化设计后，经专家组评审后成稿。

3. 典型施工图编制阶段

根据《智能变电站施工图典型设计方案实施导则》，统一各专业设计深度、计算项目、图纸表达方式，固化工程设计标准，施工图设计深度出图。形成符合冀北特色的标准化施工图。根据标准化设计成果，统一电气一次主设备和二次系统通用接口标准，形成标准化工程量清单。根据"钢结构＋装配式"模块化建设要求，统一建构筑物配件清册和建筑钢构件标准化加工图册，有效提升智能变电站施工图设计效率，优化技术细节，提高运行维护便利性，降低全寿命周期成本。经编制单位内部校核、交叉互查、专家评审后，修改、完善后形通用设计。

4. 审查统稿及形成设计成果阶段

召开统稿会，统一图纸表达、套用图应用等，形成通用设计成果。

第3章 设 计 依 据

3.1 设计依据性文件

《国网基建部关于开展 220kV 智能变电站模块化建设工作的通知》（基建技术〔2017〕21号）

3.2 主要设计标准、规程规范

下列设计标准、规程规范中凡是注日期的引用文件，其随后所有的修改单或修订版均不适用于本通用设计，然后鼓励根据本标准达成协议的各方研究是否可使用这些文件的最新版本。凡是不注日期的引用文件，其最新版本适用于本通用设计。

GB/T 2887—2011　计算机场地通用规范

GB/T 9361—2011　计算站场地安全要求

GB/T 14285—2006　继电保护和安全自动装置技术规程

GB/T 30155—2013　智能变电站技术导则

GB/T 50064—2014　交流电气装置的过电压保护和绝缘配合设计规范

GB/T 51072—2014　110(66)kV～220kV 智能变电站设计规范

GB 55001—2021　工程结构通用规范

GB 55002—2021　建筑与市政工程抗震通用规范

GB 55003—2021　建筑与市政工程基础通用规范

GB 55006—2021　钢结构通用规范

GB 50222—2017　建筑内部装修设计防火规范

GB 50223—2008　建筑工程抗震设防分类标准

GB 50068—2018　建筑结构可靠度设计统一标准

GB 50007—2011　建筑地基基础设计规范

GB 50009—2012　建筑结构荷载规范

GB 50010—2010　混凝土结构设计规范（2015 年版）

GB 50011—2010　建筑抗震设计规范（2016 年版）

GB 50016—2014　建筑设计防火规范（2018 年版）

GB 50017—2017　钢结构设计标准

GB 50046—2008　工业建筑防腐蚀设计规范

GB 50260—2013　电力设施抗震设计规范

GB 50345—2012　屋面工程技术规范

GB 51022—2015　门式刚架轻型房屋钢结构技术规范

GB 50065—2011　交流电气装置的接地设计规范

GB 50116—2013　火灾自动报警系统设计规范

GB 50217—2018　电力工程电缆设计标准

GB 50227—2017　并联电容器装置设计规范

GB 50229—2019　火力发电厂与变电站设计防火标准

GB 50974—2014　消防给水及消火栓系统技术规范

GB 50219—2014　水喷雾灭火系统设计规范

GB 50015—2019　建筑给排水设计标准

GB 50140—2005　建筑灭火器配置设计规范

DL/T 448—2016　电能计量装置技术管理规程

DL/T 860　变电站通信网络和系统

DL/T 5002—2021　地区电网调度自动化设计规程

DL/T 5003—2017　电力系统调度自动化设计技术规程

DL/T 5044—2014　电力工程直流电源系统设计技术规程

DL/T 5056—2007　变电站总布置设计技术规程

DL/T 5457—2012　变电站建筑结构设计规程

DL/T 5484—2013　电力电缆隧道设计规程

DL 5027—2015　电力设备典型消防规程

DL/T 5136—2012　火力发电厂、变电站二次接线设计技术规程

DL/T 5137—2001　电测量及电能计量装置设计技术规程

DL/T 5155—2016　220kV～1000kV 变电站站用电设计技术规程

DL/T 5202—2004　电能量计量系统设计规程

DL/T 5222—2021　导体和电器选择设计规定

DL/T 5218—2012　220kV～750kV 变电站设计规程

DL/T 5242—2010　35kV～220kV 变电站无功补偿装置设计技术规定

DL/T 5352—2018　高压配电装置设计规程

DL/T 5390—2014　火力发电厂和变电站照明设计技术规定

DL/T 5510—2016　智能变电站设计技术规定

CECS 273—2010　组合楼板设计与施工规范

JC/T 368—2012　钢筋桁架楼承板

JCJ 138—2016　组合设计结构规范

Q/GDW 441—2010　智能变电站继电保护技术规范

Q/GDW 10678—2018　智能变电站一体化监控系统技术规范

Q/GDW 1166.2　国家电网公司输变电工程初步设计内容深度规定 第 3 部分：220kV 智能变电站

Q/GDW 1381.1　国家电网公司输变电工程施工图设计内容深度规定 第 2 部分：220kV 变电站

Q/GDW 10766—2015　10kV～110(66)kV 线路保护及辅助装置标准化设计规范

Q/GDW 10767—2015　10kV～110(66)kV 元件保护及辅助装置标准化设计规范

Q/GDW 1161—2013　线路保护及辅助装置标准化设计规范

Q/GDW 1175—2013　变压器、高压并联电抗器和母线保护及辅助装置标准化设计规范

Q/GDW 11152—2014 智能变电站模块化建设技术导则

Q/GDW 11154—2014 智能变电站预制电缆技术规范

Q/GDW 11155—2014 智能变电站预制光缆技术规范

国家电网公司输变电工程通用设计 220kV 变电站模块化建设（2017 年版）

第 4 章　通用设计使用说明

4.1　设计范围

本次智能变电站模块化施工图通用设计适用于冀北地区交流 110kV、220kV 变电站新建工程的施工图设计。

通用设计范围是变电站围墙以内，设计标高零米以上，未包括受外部条件影响的项目，如系统通信、保护通道、进站道路、竖向布置、站外给排水、地基处理等。

4.2　方案分类和编号

4.2.1　方案分类

220kV 变电站模块化建设通用设计以国家电网公司输变电工程通用设计 220kV 变电站模块化建设（2017 版）为基础，110kV 变电站模块化建设通用设计以《国家电网公司输变电工程通用设计 35～110kV 智能变电站模块化建设施工图设计（2016 年版）》为基础，按照深度规定要求开展设计，包含若干基本方案。通用设计采用模块化设计思路，每个基本方案均由若干基本模块组成，基本模块可划分为若干子模块，具体工程可根据本期规模使用子模块进行调整。

基本方案：综合考虑电压等级、建设规模、电气主接线型式、配电装置型式等，按照户内 GIS 不同型式划分为 3 种基本方案。

基本模块：按照布置或功能分区将每个方案划分若干基本模块。

4.2.2　方案编号

通用设计方案编号。方案编号由 3 个字段组成：变电站电压等级-分类号-方案序列号。

第一字段："变电站电压等级"。例如，220，代表 220kV 变电站模块化建设通用设计方案。

第二字段："分类号"，代表高压侧开关设备类型。A 代表 GIS 方案，A 或 A1 代表户外站，A2 代表全户内站，A3 代表半户内站。

第三字段："方案序列号"，用 1、2、3……表示。字段后（35）、（10）表示低压侧电压等级。

通用设计模块编号示意如图 4-1 所示。

冀北公司实施方案编号在方案编号前冠以省公司代号 JB。110kV 方案编号形式与 220kV 编号形式相同。

图 4-1 通用设计模块偏号示意图

4.3 图纸编号

4.3.1 通用设计图纸编号

通用设计图纸编号由 6 个字段组成：变电站电压等级-分类号-方案序列号-卷册编号-流水号。

第一字段～第四字段：含义同通用设计方案编号。

第五字段："卷册编号"，由 D0101、D0201、T0101、N0101、S0101 等组成，其中：D01 代表电气一次线专业，D02 代表电气二次线专业，T 代表土建建筑、结构专业，N 代表暖通，S 代表水工。

第六字段，"流水号"，用 01、02……表示。

通用设计图纸编号示意如图 4-2 所示。

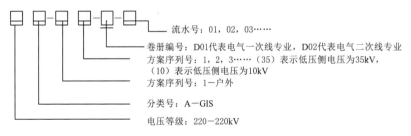

图 4-2 通用设计图纸编号示意图

4.3.2 标准化套用图纸编号

标准化套用图纸编号由 5 个字段组成：TY-专业代号-图纸主要内容-序号-小序号。

第一字段：TY，代表"套用"。

第二字段："专业代号"，由 D1、D2、T 组成，其中：D1 代表电气一次线专业，D2 代表电气二次线专业，T 代表土建建筑、结构专业。

第三字段："图纸主要内容"，由通用设备代号、主要建构筑物简称等组成，其中通用设备代号与通用设备一致。

第四、第五字段："流水号"，用01-1、02-1……表示。第五字段可为空。

标准化套用图纸编号示意如图4-3所示。

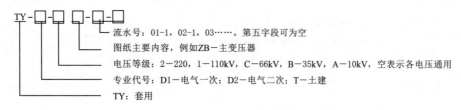

图4-3 标准化套用图纸编号示意图

4.4 初步设计

4.4.1 方案选用

工程设计选用时，首先应根据工程条件在基本方案中直接选择适用的方案，工程初期规模与通用设计不一致时，可通过调整子模块的方式选取。

当无可直接适用的基本方案时，应因地制宜，分析基本方案后，从中找出适用的基本模块，按照通用设计同类型基本方案的设计原则，合理通过基本模块和子模块的拼接和调整，形成所需要的设计方案。

4.4.2 基本模块的拼接

模块的拼接中，道路中心线是模块拼接衔接线，应注意不同模块道路宽度，如有不同应按总布置要求进行调整。模块的拼接中，当以围墙为对接基准时，应注意对道路、主变引线、电缆沟位置的调整。拼接时可先对道路、围墙，然后调整主变引线的挂点位置。如主变引线偏角过大而影响相间风偏安全距离；或影响导线对构架安全距离时，可将模块整体位移，然后调整主变压器引线的挂点位置，以获得最佳拼接效果。

4.4.3 初步设计的形成

确定变电站设计方案后，应再加入外围部分完成整体设计。实际工程初步设计阶段，对方案选择建议依据如下文件：

（1）国家相关的政策、法规和规章。

（2）工程设计有关的规程、规范。

（3）政府和上级有关部门批准、核准的文件。

（4）可行性研究报告及评审文件。

（5）设计合同或设计委托文件。

（6）城乡规划、建设用地、防震减灾、地质灾害、压覆矿产、文物保护、消防和劳动安全卫生等相关依据。

受外部条件影响的内容，如系统通信、保护通道、进站道路、竖向布置、站外给排水、地基处理根据工程具体情况进行补充。

4.5 施工图设计

智能变电站施工图设计方案是特定输入条件下形成的设计方案，实际工程在参照智能变电站施工图方案设计思路的同时应严格遵守工程强制性条文及相关规程规范，各类电气、结构力学等计算应根据工程实际确保完整、准确，导线、电（光）缆根据实际工程情况选型应合理，技术方案安全可靠。建议可通过以下三方面内容（但不限于此）核对方案的适用性。

首先，应核对工程系统条件、系统容量、出线规模是否与智能变电站施工图一致。如系统阻抗、变压器容量变化时，重新计算热稳定电流，并应按选定的导线重新验算导线受力，同时按照出线规模变化，调整构架及围墙尺寸等。

其次，核对厂家资料是否满足通用设备技术及接口要求。如变压器基础尺寸是否与通用设备一致，GIS、开关柜基础尺寸是否与通用设备一致，二次设备接线是否与通用设备一致，如不一致，应相应调整。

最后，核对工程环境条件是否与智能变电站施工图一致，如海拔、地震、风速、荷载等。

4.5.1 核实详细资料

根据初步设计评审及批复意见，核对工程系统参数，核实详勘资料，开展电气、力学等计算，落实通用设计方案。

4.5.2 编制施工图

按照《国家电网公司输变电工程施工图设计内容深度规定》要求，根据工程具体条件，以本公司实施方案施工图为基础，合理选用相关标准化套用图，编制完成全部施工图。

4.5.3 核实厂家资料

设备中标后，应及时核对厂家资料是否满足通用设备技术及接口要求，不符合规范的应要求厂家修改后重新提供。

第 5 章　技术方案适用条件及技术特点

5.1　技术方案组合

序号	模块化建设通用设计方案编号	建设规模	接线型式	总布置及配电装置	围墙内占地面积（hm²）/总建筑面积（m²）
1	220－A3－2	主变：2/3×240MVA； 出线：220kV 4/10，110kV 6/12 回，10kV 24/36 回； 每台主变低压侧无功：10kV 电容 3/3 组，电抗 2/2 组	220kV：本期及远期双母线单分段； 110kV：本期及远期双母线； 10kV：本期单母线四分段，远期单母线六分段	两幢楼平行布置，主变压器户外布置； 220kV 配电装置楼：一层布置无功设备，二层布置 GIS，4 回架空、6 回电缆出线； 110kV 配电装置楼：一层布置 10kV 户内开关柜（双列布置）、接地变及消弧线圈成套装置，二层布置 110kV GIS 及二次设备，110kV 4 回架空、8 回电缆出线； 各电压等级间隔层设备下放布置，公用及主变二次设备布置在二次设备室	0.7738/3921
2	110－A3－2	主变：2/3×50MVA； 出线：110kV 2/3 回，35kV 8/12 回，10kV 16/246 回； 每台主变低压侧无功：10kV 电容 2/2 组； 10kV 接地变及消弧线圈成套装置：2/3 组	110kV：本期内桥，扩大内桥； 350kV：本期单母线分段，远期单母线三分段； 10kV：本期单母线分段，远期单母线三分段	半户内一栋楼布置。根据变电站各级电压的进出线方向，站内自北向南依次均为主变压器、配电装置室。110kV 采用户内 GIS 布置于 110kV 配电装置室内，架空电缆混合出线，架空向西出线。35kV、10kV 开关柜布置 35kV、10kV 配电装置室内，电缆出线。无功补偿装置布于电容器室内。变压器户外布置于配电装置室北侧	0.4371/1242
3	110－A3－3	主变：2/3×50MVA； 出线：110kV 2/3 回，10kV 24/36 回； 每台主变低压侧无功：10kV 电容 2/2 组； 10kV 接地变及消弧线圈成套装置：2/3 组	220kV：本期及远期双母线单分段； 110kV：本期及远期双母线； 10kV：本期单母线四分段，远期单母线六分段	半户内一栋楼布置。根据变电站各级电压的进出线方向，站内自北向南依次均为主变压器、生产综合室。110kV 采用户内 GIS 布置于 110kV 配电装置室内，电缆进出线，10kV 开关柜布置在 10kV 配电装置室内，电缆出线。无功补偿装置布置于电容器室内。变压器户外布置于配电装置室北侧	0.3524/829

5.2 技术方案适用条件及技术特点

序号	模块化建设通用设计方案类型	适用条件	技 术 方 案
1	A3（半户内 GIS）	（1）人口密度高、土地昂贵地区； （2）受外界条件限制，站址选择困难地区； （3）复杂地质条件、高差较大的地区； （4）特殊环境条件地区：如高地震烈度、高海拔、严重污染和大气腐蚀性严重、严寒和日温差大等地区	（1）电压等级 220kV/110(66)kV/35(10)kV；主变压器户外布置； 220kV：本期及远期均为双母线单分段；GIS 户内布置；架空电缆混合出线； 110(66)kV：本期及远期双母线；GIS 户内布置；架空电缆混合出线； 10kV：本期单母线分段或四分段，远期"单母线分段＋单元接线"或单母线六分段；户内开关柜双列布置； 35kV：本期单母线分段，远期单母线三分段，户内开关柜双列布置。 （2）模块化二次设备、预制式智能控制柜、预制光电缆。 （3）装配式建筑物，外墙采用纤维水泥复合板，内隔墙采用纤维水泥饰面板，屋面采用钢筋桁架楼承板

第二篇

技术导则——220kV等级

第 6 章　220kV 智能变电站模块化建设通用设计技术导则

6.1　概述

6.1.1　设计对象

220kV 智能变电站模块化建设通用设计对象为国网系统内的 220kV 半户内变电站，不包括地下、半地下等特殊变电站。

6.1.2　设计范围

变电站围墙以内，设计标高零米以上的生产及辅助生产设施。受外部条件影响的项目，如系统通信、保护通道、进站道路、站外给排水、地基处理、土方工程等不列入设计范围。

6.1.3　运行管理方式

原则上按无人值班设计。

6.1.4　模块化建设原则

电气一次、二次集成设备最大程度实现工厂内规模生产、调试、模块化配送，减少现场安装、接线、调试工作，提高建设质量、效率。

监控、保护、通信等站内公用二次设备宜按功能设置一体化监控模块、电源模块、通信模块等；间隔层设备宜按电压等级或按电气间隔设置模块，户外变电站宜采用模块化二次设备、预制式智能控制柜，户内变电站宜采用模块化二次设备和预制式智能控制柜。

过程层智能终端、合并单元宜下放布置于智能控制柜，智能控制柜与 GIS 控制柜一体化设计。

宜采用预制电缆和预制光缆实现一次设备与二次设备、二次设备间的光缆、电缆即插即用标准化连接。

变电站高级应用应满足电网大运行、大检修的运行管理需求，采用模块化设计、分阶段实施。

建筑物，构、支架宜采用装配式钢结构，实现标准化设计、工厂化制作、机械化安装。

构筑物基础采用标准化尺寸，定型钢模浇制。

6.2　电力系统

6.2.1　主变压器

单台主变压器容量按 180MVA、240MVA 配置。主变压器可采用三绕组、双绕组或自耦，无载调压或有载调压变压器。变压器调压方式应根据系统情况确定。

一般地区主变压器远景规模宜按 3 台配置，对于负荷密度特别高的城市中心、站址选择困难地区主变压器远景规模可按 4 台配置，对于负荷密度较低的地区主变压器远景规模可按 2 台配置。

6.2.2　出线回路数

远景 2 台主变压器时，根据变电站在系统中的地位和性质，220kV 出线可按 6～8 回配置，110kV 出线按 6～10 回配置，66kV 出线按 20～24 回配置，35kV 出线按 8 回配置，10kV 出线按 16 回配置。

远景 3 台主变压器时，根据变电站在系统中的地位和性质，220kV 出线可按 3～12 回配置，110kV 出线按 10～15 回配置，66kV 出线按 20～24 回配置，35kV 出线按 4～30 回配置，10kV 出线按 16～36 回配置。

远景 4 台主变压器时，根据变电站在系统中的地位和性质，220kV 出线可按 10 回配置，110kV 出线按 12 回配置，10kV 出线按 28～30 回配置。

出线回路数配置原则详见表 6-1。

表 6-1　　　　　　　　　　　　　　　　　　　出线回路数配置原则表

出线规模	2 台主变压器		3 台主变压器		4 台主变压器	出线规模	2 台主变压器		3 台主变压器		4 台主变压器
	三绕组	双绕组	三绕组	双绕组	双绕组		三绕组	双绕组	三绕组	双绕组	双绕组
220kV 出线（回）	6	8	3/6/8/10/12	8/10	10	35kV 出线（回）	8	—	4/8/12/18/24/30	—	—
110kV 出线（回）	10	—	10/12/14/15	—	12	10kV 出线（回）	16	—	16/24/28/30/36	—	28/30
66kV 出线（回）	—	20/24	—	20/24	—						

注　实际工程可根据具体情况对各电压等级出线回路数进行适当调整。

6.2.3　无功补偿

无功补偿容量通用设计方案按 10%～25% 配置，具体方案以系统计算为准进行配置。

对进出线以架空出线为主的户外 220kV 变电站，以配置容性无功补偿为主。

对进、出线以电缆为主的 220kV 变电站，可根据电缆长度配置相应的感性无功补偿装置，每一台变压器的感性无功补偿装置容量不宜大于变压器容量的 20%。

对于架空、电缆混合的 220kV 变电站，应根据系统条件经过具体计算后确定感性和容性无功补偿配置。

在不引起高次谐波谐振、有危害的谐波放大和电压变动过大的前提下，无功补偿装置宜加大分组容量和减少分组组数。较为推荐应用的无功分组容量为：10kV 并联电容器 6Mvar、8Mvar；10kV 并联电抗器 5Mvar、6Mvar、10Mvar。

通用设计每台变压器低压侧无功补偿组数为 2～5 组。具体工程需经过调相调压计算来确定无功容量及分组的配置。

6.2.4 系统接地方式

220kV、110kV 系统采用直接接地方式；主变 66kV、35kV 或 10kV 侧接地方式宜结合线路负荷性质、供电可靠性等因素，采用不接地、经消弧线圈或小电阻接地方式。

6.3 电气部分

6.3.1 电气主接线

电气主接线应根据变电站的规划容量，线路、变压器连接元件总数，设备特点等条件确定。结合"两型三新一化"要求，电气主接线应结合考虑供电可靠性、运行灵活、操作检修方便、节省投资、便于过渡或扩建等要求。对于终端变电站，当满足运行可靠性要求时，应简化接线型式，采用线变组或桥型接线。对于 GIS、HGIS 等设备，宜简化接线型式，减少元件数量。

1. 220kV 电气接线

出线回路数为 4 回及以上时，宜采用双母线接线；当出线和变压器等连接元件总数为 10～14 回时，可在一条母线上装设分段断路器，15 回及以上时，可在两条母线上装设分段断路器。出线回路数在 4 回及以下时，可采用其他简单的主接线，如线路变压器组或桥形接线等。

实际工程中应根据出线规模、变电站在电网中的地位及负荷性质，确定电气接线，当满足运行要求时，宜选择简单接线。

2. 110(66)kV 电气接线

220kV 变电站中的 110kV、66kV 配电装置，当出线回路数在 6 回以下时，宜采用单母线或单母线分段接线；6 回及以上时可采用双母线；12 回及以上时，也可采用双母线单分段接线，当采用 GIS 时可简化为单母线分段，对于重要用户的不同出线，应接至不同母线段。

3. 35(10)kV 电气接线

35(10)kV 配电装置宜采用单母线分段接线，并根据主变压器台数和负荷的重要性确定母线分段数量。当第三或第四台主变低压侧仅接无功时，其低压侧配电装置宜采用单元制单母线接线。

3 台主变时，可采用单母线四分段（四段母线，中间两段母线之间不设母联）接线；对于特别重要的城市变电站，3 台主变且每台主变所接 35(10) kV 出线不少于 10（12）回时宜采用单母线六分段接线。并结合地区配网供电可靠性考虑，A＋供电区可采用单母线分段环形接线。

4. 主变中性点接地方式

主变220kV、110kV侧中性点采用直接接地方式，并具备接地打开条件；实际工程需结合系统条件考虑是否装设主变直流偏磁治理装置。

66kV、35(10)kV依据系统情况、出线路总长度及出线路性质确定系统采用不接地、经消弧线圈或小电阻接地方式。

6.3.2　短路电流

220kV电压等级：短路电流控制水平50kA，设备短路电流水平50kA。

110kV电压等级：短路电流控制水平40kA，设备短路电流水平40kA。

66kV电压等级：短路电流控制水平31.5kA，设备短路电流水平31.5kA。

35kV电压等级：短路电流控制水平25kA，设备短路电流水平31.5kA。

10kV电压等级：短路电流控制水平25kA，设备短路电流水平31.5kA。

6.3.3　主要设备选择

（1）电气设备选型应从《国家电网有限公司35～750kV输变电工程通用设计、通用设备应用目录》（现行版本2022年版，实际应用需选择最新版）中选择，并且须按照《国家电网公司输变电工程通用设备》（现行版本2018年版，实际应用需选择最新版）要求统一技术参数、电气接口、二次接口、土建接口。

（2）变电站内一次设备应综合考虑测量数字化、状态可视化、功能一体化和信息互动化；一次设备应采用"一次设备本体＋智能组件"形式；与一次设备本体有安装配合的互感器、智能组件，应与一次设备本体采用一体化设计，优化安装结构，保证一次设备运行的可靠性及安全性。

（3）主变压器采用三相三绕组／双绕组，或三相自耦低损耗变压器，冷却方式：ONAN或ONAN/ONAF。位于城镇区域的变电站宜采用低噪声变压器。当低压侧为10kV时，户内变电站宜采用高阻抗变压器。主变压器可通过集成于设备本体的传感器，配置相关的智能组件实现冷却装置、有载分接开关的智能控制。

（4）220kV开关设备可采用瓷柱式SF$_6$断路器、罐式SF$_6$断路器或GIS、HGIS设备；对于高寒地区，当经过专题论证瓷柱式SF$_6$断路器不能满足低温液化要求时，可选用罐式SF$_6$断路器对配电装置进行优化调整。开关设备可通过集成于设备本体上的传感器，配置相关的智能组件实现智能控制，并需一体化设计，一体化安装，模块化建设。位于城市中心的变电站可采用小型化配电装置设备。

（5）110(66)kV开关设备可采用瓷柱式断路器、罐式断路器或GIS、HGIS设备；对于高寒地区，当经过专题论证瓷柱式断路器不能满足低温液化要求时，可选用罐式断路器，对110kV配电装置进行优化调整。开关设备可通过集成于设备本体上的传感器，配置相关的智能组件实现智能控制，并需一体化设计，一体化安装，模块化建设。位于城市中心的变电站可采用小型化配电装置设备。

（6）互感器选择宜采用电磁式电流互感器、电容式电压互感器（瓷柱式）或电磁式互感器（GIS），并配置合并单元。具体工程经过专题论证也可选择电子式互感器。

（7）35(10)kV户外开关设备可采用瓷柱式SF$_6$断路器、隔离开关。35(10)kV户内开关设备采用户内空气绝缘或SF$_6$气体绝缘开关柜。并联电容器回路宜选用SF$_6$断路器。

位于城市中心的变电站可采用小型化配电装置设备。

（8）状态监测。

1）每台主变配置 1 套油中溶解气体状态监测装置；变压器本体预留局放监测接口。

2）220kV 组合电器局部放电传感器以断路器为单位进行配置，每相断路器配置 1 只传感器及测试接口。

3）避雷器泄漏电流、放电次数传感器以避雷器为单位进行配置，每台避雷器配置 1 只传感器。

4）一次设备状态监测的传感器，其设计寿命应不少于被监测设备的使用寿命。

6.3.4 导体选择

母线载流量按最大系统穿越功率外加可能同时流过的最大下载负荷考虑，按发热条件校验。

出线回路的导体按照长期允许载流量不小于送电线路考虑。

220kV、110kV 导线截面应进行电晕校验及对无线电干扰校验。

主变压器高、中压侧回路导体载流量按不小于主变压器额定容量 1.05 倍计算，实际工程可根据需要考虑承担另一台主变压器事故或检修时转移的负荷。主变低压侧回路导体载流量按实际最大可能输送的负荷或无功容量考虑；220kV、110kV 母联导线载流量须按不小于接于母线上的最大元件的回路额定电流考虑，220kV、110kV 分段载流量须按系统规划要求的最大通流容量考虑。

6.3.5 避雷器设置

本通用设计按以下原则设置避雷器，实际工程避雷器设置根据雷电侵入波过电压计算确定。

（1）户外 GIS 配电装置架空进出线均装设避雷器，GIS 母线不设避雷器。

（2）户内 GIS 配电装置架空出线装设避雷器。三卷变高中压侧或两卷变高低压侧进线不设避雷器，自耦变进线设避雷器。GIS 母线一般不设避雷器。

（3）户内 GIS 配电装置全部出线间隔均采用电缆连接时，仅设置母线避雷器。电缆与 GIS 连接处不设避雷器，电缆与架空线连接处设置避雷器。

（4）HGIS 配电装置架空出线均装设避雷器。三卷变高中压侧或两卷变高低压侧进线不设避雷器，自耦变进线设避雷器。HGIS 母线是否装设避雷器需根据计算确定。

（5）柱式或罐式断路器配电装置出线一般不装设避雷器，母线装设避雷器。三卷变高中压侧或两卷变高低压侧进线不设避雷器；自耦变进线设避雷器。

（6）GIS、HGIS 配电装置架空出线时出线侧避雷器宜外置。

6.3.6 电气总平面布置

电气总平面应根据电气主接线和线路出线方向，合理布置各电压等级配电装置的位置，确保各电压等级线路出线顺畅，避免同电压等级的线路交叉，同时避免或减少不同电压等级的线路交叉。必要时，需对电气主接线做进一步调整和优化。电气总平面布置还应考虑本、远期结合，以减少扩建工程量和停电时间。

各电压等级配电装置的布置位置应合理，并因地制宜地采取必要措施，以减少变电站占地面积。配电装置应尽量不堵死扩建的可能。

结合站址地质条件，可适当调整电气总平面的布置方位，以减少土石方工程量。

电气总平面的布置应考虑机械化施工的要求，满足电气设备的安装、试验、检修起吊、运行巡视以及气体回收装置所需的空间和通道。

6.3.7　配电装置

1. 配电装置总体布局原则

（1）配电装置布局应紧凑合理，主要电气设备、装配式建（构）筑物的布置应便于安装、扩建、运维、检修及试验工作，并且需满足消防要求。

（2）配电装置可结合装配式建筑的应用进一步合理优化，但电气设备与建（构）筑物之间电气尺寸应满足 DL/T 5352—2018《高压配电装置设计技术规程》的要求，且布置场地不应限制主流生产厂家。

（3）户内配电装置布置在装配式建筑内时，应考虑其安装、试验、检修、起吊、运行巡视以及气体回收装置所需的空间和通道。

（4）GIS 出线侧电压互感器三相配置时宜内置。

2. 站址环境条件和地质条件对配电装置选择的影响

应根据站址环境条件和地质条件选择配电装置。对于人口密度高、土地昂贵地区，或受外界条件限制、站址选择困难地区，或复杂地质条件、高差较大的地区，或高地震烈度、高海拔、高寒和严重污染等特殊环境条件地区宜采用 GIS、HGIS 配电装置。位于城市中心的变电站宜采用户内 GIS 配电装置。对人口密度不高、土地资源相对丰富、站址环境条件较好地区，宜采用户外敞开式配电装置。

3. 各电压等级配电装置

220kV 配电装置采用户内 GIS、户外 GIS、HGIS、柱式断路器、罐式断路器配电装置；110kV 配电装置采用户内 GIS、户外 GIS、柱式断路器、罐式断路器配电装置；66kV 配电装置采用户内 GIS、户外 HGIS、罐式断路器配电装置；35(10)kV 配电装置采用户内开关柜配电装置。各级电压等级配电装置具体布置参数及原则如下：

（1）220kV 配电装置。

220kV 户外柱式断路器配电装置可采用悬吊管型母线或支持管型母线或软母线分相中型布置；220kV 罐式断路器配电装置宜采用悬吊管型母线或支持管型母线分相中型布置；220kV 户外 HGIS 配电装置宜采用悬吊管型母线或支持管型母线分相中型布置。220kV 户外配电装置布置尺寸一览表（海拔1000m）见表 6-2。

220kV 户内 GIS 间隔宽度（本体）宜选用 2m。布置厂房高度按吊装元件考虑，最大起吊重量不大于 5t，配电装置室内净高不小于 8m。户内 GIS 配电装置架空进、出线间隔宽度按两间隔共一跨，取 24m。

（2）110(66)kV 配电装置。

110(66)kV 户外柱式断路器配电装置宜采用支持管型母线或软母线分相中型布置；110(66)kV 罐式断路器配电装置宜采用支持管型母线或悬吊管型

母线分相中型布置；110(66)kV 户外 HGIS 配电装置宜采用支持管型母线或悬吊管型母线分相中型布置。110(66)kV 户外配电装置布置尺寸一览表（海拔 1000m）见表 6-3、表 6-4。

表 6-2　　220kV 户外配电装置布置尺寸一览表（海拔 1000m）　　　　单位：m

构 架 尺 寸	配 电 装 置			
	户外 GIS	HGIS	柱式	罐式
间隔宽度	13/24（单回/双回出线）	13/25（单回/双回出线）	13	13
出线挂点高度	14	16.5（支持式管型母线）、18（悬吊式管型母线）	15	15（支持式管型母线）、16（悬吊式管型母线）
出线相间距离	4.00/3.75（单回/双回出线）	4	4	4
相-构架柱中心距离	2.50/2.25（单层/双层出线）	2.5	2.5	2.5
母线相间距离	—	3.5	3.5/4.0（软母线）	3.5
母线高度	—	14.5	9.3	9.3

表 6-3　　110kV 户外配电装置布置尺寸一览表（海拔 1000m）　　　　单位：m

构架尺寸	配 电 装 置			构架尺寸	配 电 装 置		
	户外 GIS	柱式	罐式		户外 GIS	柱式	罐式
间隔宽度	8/15（单回/双回出线）	8	8	相-构架柱中心距离	1.8/1.6（单回/双回出线）	1.8	1.8
出线挂点高度	10	10	12（悬吊式管型母线）	母线相间距离	—	1.6/2.2（软母线）	1.6
出线相间距离	2.2	2.2	2.2	母线高度	—		

表 6-4　　66kV 户外配电装置布置尺寸一览表（海拔 1000m）　　　　单位：m

构 架 尺 寸	配 电 装 置		构 架 尺 寸	配 电 装 置	
	HGIS	罐式		HGIS	罐式
间隔宽度	6.5/12.5（单回/双回出线）	6.5	相-构架柱中心距离	1.65	1.65
出线挂点高度	10.5	8.5	母线相间距离	1.6	1.6
出线相间距离	1.6	1.6	母线高度	6.2	6.0

110(66)kV 户内 GIS 间隔宽度宜选用 1m。厂房高度按吊装元件考虑，最大起吊重量不大于 3t，室内净高不小于 6.5m。户内 GIS 配电装置架空进、出线间隔宽度按两间隔共一跨，取 15m。

（3）35(10)kV 配电装置。

35kV 配电装置宜采用户内开关柜。根据布置形式（单列或双列）以及开关柜所在建筑的不同形制（独立单层建筑或多层联合建筑），配电装置室尺寸见表 6-5。

表 6-5   **35(10)kV 户内开关柜配电装置布置尺寸一览表（海拔 1000m）**   单位：m

构 架 尺 寸	配 电 装 置		构 架 尺 寸	配 电 装 置	
	35kV 开关柜	10kV 开关柜		35kV 开关柜	10kV 开关柜
间隔宽度	1.4/1.2	1.0/0.8	柜后②	≥1.0	≥1.0
柜前（单列/双列）①	≥2.4/≥3.2	≥2.0/≥2.5	建筑净高	≥4.0	≥3.6

① 多层建筑受相关楼层约束时根据具体方案确定；
② 当柜后设高压电缆沟时，柜后空间距离按实际确定。

6.3.8 站用电

全站配置两台站用变压器，每台站用变压器容量按全站计算负荷选择；当全站只有一台主变压器时，其中一台站用变压器的电源宜从站外非本站供电线路引接。站用变容量根据主变容量和台数、配电装置形式和规模、建筑通风采暖方式等不同情况计算确定，寒冷地区需考虑户外设备或建筑室内电热负荷。通用设计较为典型的容量为 400kVA、630kVA、800 kVA，实际工程需具体核算。

站用电低压系统应采用 TN 系统。系统标称电压 380/220V。站用电母线采用按工作变压器划分的单母线接线，相邻两段工作母线同时供电分列运行。

站用电源采用交直流一体化电源系统。

6.3.9 电缆

电缆选择及敷设按照 GB 50217—2018《电力工程电缆设计标准》进行，并需符合 GB 50229—2019《火力发电厂与变电站设计防火标注》、DL 5027—2015《电力设备典型消防规程》有关防火要求。

高压电气设备本体与汇控柜或智控柜之间宜采用标准预制电缆联接。变电站线缆选择宜视条件采用单端或双端预制型式。变电站火灾自动报警系统的供电线路、消防联动控制线路应采用耐火铜芯电线电缆。其余线缆采用阻燃电缆，阻燃等级不低于 C 级。

宜优化线缆敷设通道设计，户外配电装置区不宜设置间隔内小支沟。在满足线缆敷设容量要求的前提下，户外配电装置场地线缆敷设主通道可采用电缆沟或地面槽盒；GIS 室内电缆通道宜采用浅槽或槽盒。高压配电装置需合理设置电缆出线间隔位置，使之尽可能与站外线路接引位置良好匹配，减少电缆迂回或交叉。同一变电站应尽量减少电缆沟宽度型号种类。结合电缆沟敷设断面设计规范要求，较为推荐的电缆沟宽度为 800mm、1100mm、1400mm 等。电缆沟内宜采用复合材料支架或镀锌钢支架。

户内变电站当高压电缆进出线较多，或集中布置的二次盘柜较多时可设置电缆夹层。电缆夹层层高需满足高压电缆转弯半径要求以及人行通道要求，支架托臂上可设置二次线缆防火槽盒或封闭式防火桥架。二次设备室位于建筑一层时，宜设置电缆沟；位于建筑二层及以上时，宜设置架空活动地板层。

当电力电缆与控制电缆或通信电缆敷设在同一电缆沟或电缆隧道内时，宜采用防火隔板或防火槽盒进行分隔。下列场所（包括：①消防、报警、应急照明、断路器操作直流电源等重要回路；②计算机监控、双重化继电保护、应急电源等双回路合用同一通道未相互隔离时的其中一个回路）明敷的电缆应采用防火隔板或防火槽盒进行分隔。

6.3.10 接地

主接地网采用水平接地体为主，垂直接地体为辅的复合接地网，接地网工频接地电阻设计值应满足 GB/T 50065—2011《交流电气装置的接地设计规范》要求。

户外站主接地网宜选用热镀锌扁钢，对于土壤碱性腐蚀较严重的地区宜选用铜质接地材料。户内变主接地网设计考虑后期开挖困难，宜采用铜质接地材料；对于土壤酸性腐蚀较严重的地区，需经济技术比较后确定设计方案。

6.3.11 照明

变电站内设置正常工作照明和疏散应急照明。正常工作照明采用380/220V三相五线制，由站用电源供电。应急照明采用逆变电源供电。

户外配电装置场地宜采用节能型投光灯；户内GIS配电装置室采用节能型泛光灯；其他室内照明光源宜采用LED灯。

6.4 二次系统

6.4.1 系统继电保护及安全自动装置

6.4.1.1 线路保护

（1）220kV每回线路按双重化配置完整的、独立的能反映各种类型故障、具有选相功能的全线速动保护。终端负荷线路也可配置一套全线速动保护。每套保护均具有完整的后备保护，宜采用独立保护装置。

220kV电压等级的继电保护及与之相关的设备、网络等应按照双重化原则进行配置，双重化配置的继电保护应遵循以下要求：

1）两套保护的电压（电流）采样值应分别取自相互独立的合并单元。

2）两套保护的跳闸回路应与两个智能终端分别一一对应；两个智能终端应与断路器的两个跳闸线圈分别一一对应。

（2）每回110(66)kV线路电源侧变电站宜配置一套线路保护装置，负荷变侧可不配置。当110(66)kV电厂并网线、转供线路、环网线及无T接回路的电缆线路较短时，线路可配置一套纵联保护。三相一次重合闸随线路保护装置配置。

110(66)kV每回线路宜采用保护测控集成装置。

（3）220kV、110(66)kV线路保护直接数字量采样、GOOSE直接跳闸。跨间隔信息（启动母差失灵功能和母差保护动作远跳功能等）采用GOOSE网络传输方式。

（4）220kV、110(66)kV母线电压切换由合并单元实现，每套线路电流合并单元应根据收到的两组母线的电压量及线路隔离开关的位置信息，自动采集本间隔所在母线的电压。

6.4.1.2 母线保护

（1）220kV双母线、双母线单分段接线按远景规模配置双重化母线差动保护装置，220kV双母线双分段接线每组双母线按远景规模配置双重化母线差动保护装置。110(66)kV按远景规模配置单套母线差动保护装置。

（2）220kV、110(66)kV母线保护宜直接数字量采样、面向通用对象的变电站事件（Generic Object Oriented Substation Event，GOOSE）直接跳闸。

（3）35(10)kV一般不配置独立的母线保护，当有新能源接入，可配置一套独立的母差保护。

6.4.1.3　母联（分段、桥）保护

（1）220kV 母联（分段、桥）断路器按双重化配置专用的、具备瞬时和延时跳闸功能的过电流保护，宜采用独立保护装置。

（2）110(66)kV 母联（分段、桥）断路器按单套配置专用的、具备瞬时和延时跳闸功能的过电流保护，宜采用保护测控集成装置。

（3）220kV、110(66)kV 母联（分段、桥）保护直接数字量采样、GOOSE 直接跳闸；220kV 母联（分段、桥）保护启动母线失灵采用 GOOSE 网络传输。

6.4.1.4　故障录波

（1）全站故障录波装置宜按照电压等级和网络配置，220kV 按过程层双网配置双套录波装置；110kV 按过程层单网配置单套录波装置。
主变压器故障录波装置宜同时接入主变压器各侧录波量，实现有故障启动量时主变压器各侧同步录波。

（2）故障录波宜通过过程层网络采集相关信息。

6.4.1.5　故障测距系统

（1）为了实现线路故障的精确定位，对于大于 80km 的 220kV 长线路或路径地形复杂、巡检不便的线路，应配置专用故障测距装置；对于大于 50km 的 220kV 线路可配置故障测距装置。

（2）故障测距装置采用模拟量采样，数据采样频率应大于 500kHz。

6.4.1.6　安全自动装置

是否配置安全自动装置应根据接入后的系统稳定计算确定，若需配置，应遵循如下原则：

（1）220kV 安全稳定控制装置按双重化配置，应采用 GOOSE 点对点直接跳闸方式。

（2）110kV 备自投装置宜独立配置；35(10)kV 备自投装置可独立配置或由分段保护装置实现。

（3）35(10)kV 低频低压减负荷功能可由独立装置实现，也可由馈线保护测控装置实现。

6.4.1.7　保护及故障信息管理子站系统

保护及故障信息管理子站系统不配置独立装置，其功能宜由综合应用服务器实现，应实现保护及故障信息的直采直送。

6.4.2　调度自动化

6.4.2.1　调度关系及远动信息传输原则

调度管理关系宜根据电力系统概况、调度管理范围划分原则和调度自动化系统现状确定。远动信息的传输原则宜根据调度管理关系确定。

6.4.2.2　远动设备配置

远动通信设备应根据调度数据网情况进行配置，并优先采用专用装置、无硬盘型，采用专用操作系统。

6.4.2.3　远动信息采集

远动信息采取"直采直送"原则，直接从监控系统的测控单元获取远动信息并向调度端传送。

6.4.2.4　远动信息传送

（1）远动通信设备应能实现与相关调控中心的数据通信，宜采用双平面电力调度数据网络方式的方式。网络通信采用 DL/T 634.5104—2009《远动

设备及系统 第 5－104 部分：传输规约 采用标准传输协议集的 IEC 60870－5－101 网络访问》规约。

（2）远动信息内容应满足 DL／T 5003—2017《电力系统调度自动化设计规程》、Q／GDW 10678—2018《智能变电站一体化监控系统技术规范》、Q／GDW 11398—2015《变电站设备监控信息规范》和相关调度端、无人值班远方监控中心对变电站的监控要求。

6.4.2.5 电能量计量系统

（1）全站配置一套电能量远方终端。各电压等级电能表独立配置。关口计费点的电能表宜双重化配置，模拟量采样，满足相关规程要求。

（2）非关口计量点宜选用支持 DL／T 860《变电站通信网络和系统》接口的数字式电能表。

6.4.2.6 调度数据网络及安全防护装置

（1）调度数据网应配置双平面调度数据网络设备，含相应的调度数据网络交换机及路由器。

（2）安全Ⅰ区设备与安全Ⅱ区设备之间通信可设置防火墙；监控系统通过正反向隔离装置向Ⅲ／Ⅳ区数据通信网关机传送数据，实现与其他主站的信息传输；监控系统与远方调度（调控）中心进行数据通信应设置纵向加密认证装置。

6.4.2.7 相量测量装置

相量测量装置宜根据地区电网系统情况配置，单套配置，宜通过网络方式采集过程层 SV 数据。

6.4.3 系统及站内通信

6.4.3.1 光纤系统通信

光纤系统通信电路的设计，应结合通信网现状、工程实际业务需求以及各网省公司通信网规划进行。

（1）光缆类型以 OPGW 为主，光缆纤芯类型宜采用 G.652 光纤。220kV 线路光缆纤芯数宜不低于 72 芯。

（2）宜随新建 220kV 电力线路建设光缆，满足 220kV 变电站至相关调度单位至少具备 2 条独立光缆通道的要求。

（3）220kV 变电站应按调度关系及地区通信网络规划要求建设相应的光传输系统。

（4）220kV 变电站应至少配置 2 套光传输设备，接入相应的光传输网。

6.4.3.2 站内通信

（1）220kV 变电站可不设置程控调度交换机。变电站调度及行政电话由采用 IAD 方式解决，可根据实际情况安装 1 路市话作为备用。

（2）220kV 变电站应根据需求配置 1 套数据通信网设备。数据通信网设备宜采用两条独立的上联链路与网络中就近的两个汇聚节点互联。

（3）220kV 变电站通信电源宜由站内一体化电源系统实现。宜配置 2 套独立的 DC/DC 转换装置，采用高频开关模块型，$N+1$ 冗余配置。

（4）220kV 变电站通信设备宜与二次设备统一布置。

6.4.4 变电站自动化系统

6.4.4.1 监控范围及功能

变电站自动化系统设备配置和功能要求按无人值班设计，采用开放式分层分布式网络结构，通信规约统一采用 DL／T 860《变电站通信网络和系统》。监控范围及功能满足 Q／GDW 10678—2018《智能变电站一体化监控系统技术规范》的要求。

监控系统主机应安全加固操作系统及安全加固数据库。

自动化系统实现对变电站可靠、合理、完善的监视、测量、控制、断路器合闸同期等功能，并具备遥测、遥信、遥调、遥控全部的远动功能和时钟同步功能，具有与调度通信中心交换信息的能力，具体功能宜包括信号采集、"五防"闭锁、顺序控制、远端维护、顺序控制、智能告警等功能。

6.4.4.2　系统网络

1. 站控层网络

站控层网络宜采用双重化星形以太网络。站控层、间隔层设备通过两个独立的以太网控制器接入双重化站控层网络。

2. 过程层网络

220kV、110(66)kV 应按电压等级配置过程层网络。220kV 过程层网络宜采用星形双网结构；110(66)kV 过程层网络宜采用星形单网结构。

35kV 及以下电压等级不配置独立过程层网络，SV 报文可采用点对点方式传输，GOOSE 报文可利用站控层网络传输。

主变压器高、中压侧宜按照电压等级分别配置过程层网络，采用星形双网结构。主变低压侧不配置独立过程层网络，相关信息可接入主变中压侧过程层网络或采用点对点方式连接。主变压器保护、测控等装置宜采用相互独立的数据接口接入高、中压侧网络。

双重化配置的保护装置应分别接入各自过程层网络，测控装置应接入过程层双网（GOOSE），电能表、相量测量等装置应接入过程层单网。

6.4.4.3　设备配置

1. 站控层设备配置

站控层设备按远景规模配置，由以下几部分组成：

（1）监控主机双套配置，操作员站、工程师工作站与监控主机合并。

（2）综合应用服务器宜单套配置。

（3）Ⅰ、Ⅱ区数据通信网关机宜双套配置。

（4）Ⅲ/Ⅳ区数据通信网关机单套配置（可选）。

（5）设置网络打印机 2 台。

2. 间隔层设备配置

间隔层包括继电保护、安全自动装置、测控装置、故障录波系统、网络记录分析系统、计量装置等设备。

（1）继电保护及安全自动装置具体配置详见继电保护相关章节。

（2）220kV 及主变压器宜采用独立测控装置。

（3）110kV 间隔（主变压器间隔除外）宜采用保护测控集成装置，主变压器高中低压侧及本体测控装置宜单套独立配置。

（4）全站可配置 1 套网络记录分析装置，由网络记录单元、网络分析单元构成；网络记录分析装置通过网络方式接收 SV 报文和 GOOSE 报文。网络记录单元宜按照网络配置，网络记录分析范围包括全站站控层网络及过程层网络，网络报文记录装置每个百兆 SV 采样值接口接入合并单元的数量不宜超过 5 台。

（5）低压侧备自投装置具体配置详见系统安全自动装置相关章节。

3. 过程层设备配置

（1）合并单元。

220kV 间隔合并单元宜双套配置。

220kV 双母线、双母单分段接线，母线按双重化配置 2 台合并单元；220kV 双母双分段接线，Ⅰ-Ⅱ母线、Ⅲ-Ⅳ母线按双重化各配置 2 台合并单元。

110kV 间隔合并单元宜单套配置。

110kV 母线合并单元宜双套配置。

主变压器各侧、中性点（或公共绕组）合并单元按双重化配置；线变组、扩大内桥接线主变压器高压侧合并单元按双重化配置。中性点（含间隙）合并单元宜独立配置，也可并入相应侧合并单元。公共绕组合并单元宜独立配置。

35(10)kV 及以下采用户内开关柜布置时不宜配置合并单元（主变压器间隔除外），采用户外敞开式布置时可配置单套合并单元。

同一间隔内的电流互感器和电压互感器宜合用一个合并单元。合并单元宜分散布置于配电装置场地智能控制柜内。

（2）智能终端。

220kV 间隔智能终端宜双套配置。

220kV 母线智能终端宜按每段母线单套配置。

110kV 间隔智能终端宜单套配置。

110kV 母线智能终端宜按每段母线单套配置。

主变各侧智能终端宜双套配置，宜分散布置于配电装置场地智能控制柜内。

主变压器本体智能终端宜单套配置，集成非电量保护功能。

35(10)kV 及以下采用户内开关柜布置时不宜配置智能终端（主变间隔除外）；采用户外敞开式布置时宜配置单套智能终端。

220kV 宜采用合并单元、智能终端独立装置。

110kV 及以下电压等级宜采用合并单元智能终端集成装置。

（3）预制式智能控制柜。

预制式智能控制柜宜按间隔进行配置；对于 GIS 设备，预制式智能控制柜应与 GIS 汇控柜应一体化设计。

4. 网络通信设备

网络通信设备包括网络交换机、接口设备和网络连接线、电缆、光缆及网络安全设备等。

（1）站控层交换机。站控层网络宜按二次设备室（舱）和按电压等级配置站控层交换机，站控层交换机电口、光口数量根据实际要求配置。

（2）过程层交换机。

1）220kV 宜按间隔配置过程层交换机。

2）110（66）kV 宜集中设置过程层交换机。

3）220kV 宜配置过程层中心交换机。当 220kV 采用线变组或扩大内桥接线时，可不配置过程层中心交换机。

4）每台交换机的光纤接入数量不宜超过 24 对，每个虚拟网均应预留至少 2 个备用端口。任意两台智能电子设备之间的数据传输路由不应超过 4 台交换机。

6.4.5　元件保护

6.4.5.1　220kV 主变压器保护

（1）220kV 主变压器电量保护按双重化配置，每套保护包含完整的主、后备保护功能。

（2）主变压器保护直接采样，直接跳各侧断路器；主变压器保护跳母联、分段断路器及闭锁备自投、启动失灵等可采用 GOOSE 网络传输。主变压器保护可通过 GOOSE 网络接收失灵保护跳闸命令，并实现失灵跳变压器各侧断路器。

（3）主变非电量保护单套配置，由本体智能终端集成，非电量保护采用就地直接电缆跳闸，信息上送过程层 GOOSE 网络。

6.4.5.2　66kV 站用变压器、电容器、电抗器保护

宜按间隔单套配置，采用保护测控集成装置。

6.4.5.3　35(10)kV 线路、站用变压器、电容器、电抗器保护

宜按间隔单套配置，采用保护测控集成装置。

6.4.6　直流系统及不间断电源

6.4.6.1　系统组成

站用交直流一体化电源系统由站用交流电源、直流电源、交流不间断电源（UPS）、逆变电源（INV，根据工程需要选用）、直流变换电源（DC/DC）及监控装置等组成。监控装置作为一体化电源系统的集中监控管理单元。

系统中各电源通信规约应相互兼容，能够实现数据、信息共享。系统的总监控装置应通过以太网通信接口采用 DL/T 860《变电站通信网络和系统》规约与变电站后台设备连接，实现对一体化电源系统的监视及远程维护管理功能。

6.4.6.2　直流电源

1. 直流系统电压

220kV 变电站操作电源额定电压采用 220V 或 110V，通信电源额定电压−48V。

2. 蓄电池型式、容量及组数

直流系统应装设 2 组阀控式密封铅酸蓄电池。2 组蓄电池宜布置在不同的蓄电池室；也可布置在同一个蓄电池室，并在 2 组蓄电池间设置防爆隔断墙。

蓄电池容量宜按 2h 事故放电时间计算；对地理位置偏远的变电站，宜按 4h 事故放电时间计算。

3. 充电装置台数及型式

直流系统采用高频开关充电装置，宜配置 2 套，单套模块数 n_1（基本）＋n_2（附加）。

4. 直流系统供电方式

直流系统采用辐射型供电方式。在负荷集中区可设置直流分屏（柜）。

35kV 及以下电压等级的保护、控制、合并单元智能终端宜采用柜顶小母线多间隔并接供电，也可由直流分电屏直接馈出。当智能控制柜内设备为单套配置时，宜配置一路公共直流电源；当智能控制柜内设备为双重化配置时，应配置两路公共直流电源。智能控制柜内各装置采用独立的空气断路器。

6.4.6.3　交流不停电电源系统

220kV 变电站宜配置两套交流不停电电源系统（UPS）。

6.4.6.4　直流变换电源装置

220kV 变电站宜配置两套直流变换电源装置，采用高频开关模块型。

6.4.6.5　总监控装置

系统应配置 1 套总监控装置，作为直流电源及不间断电源系统的集中监控管理单元，应同时监控站用交流电源、直流电源、交流不间断电源（UPS）、逆变电源（INV）和直流变换电源（DC/DC）等设备。

6.4.7　时间同步系统

（1）宜配置 1 套公用的时间同步系统，主时钟应双重化配置，另配置扩展装置实现站内所有对时设备的软、硬对时。支持北斗系统和 GPS 系统单向标准授时信号，优先采用北斗系统，时间同步精度和守时精度满足站内所有设备的对时精度要求。扩展装置的数量应根据二次设备的布置及工程规模确定。该系统宜预留与地基时钟源接口。

（2）时间同步系统对时或同步范围包括监控系统站控层设备、保护装置、测控装置、故障录波装置、故障测距、相量测量装置、合并单元及站内其他智能设备等。

（3）站控层设备宜采用 SNTP 对时方式。间隔层、过程层设备宜采用 IRIG-B 对时方式，条件具备时也可采用 IEC 61588 网络对时方式。

6.4.8　一次设备状态监测系统

变电设备状态监测系统宜由传感器、状态监测 IED 构成，后台系统应按变电站对象配置，全站应共用统一的后台系统，功能由综合应用服务器实现。

6.4.9　辅助控制系统

全站配置 1 套智能辅助控制系统实现图像监视及安全警卫、火灾报警、消防、照明、采暖通风、环境监测等系统的智能联动控制。

智能辅助控制系统包括智能辅助系统综合监控平台、图像监视及安全警卫子系统、火灾自动报警及消防子系统、环境监测子系统等。

（1）智能辅助控制系统不配置独立后台系统，利用综合应用服务器实现智能辅助控制系统的数据分类存储分析、智能联动功能。

（2）图像监视及安全警卫子系统的功能按满足安全防范要求配置，不考虑对设备运行状态进行监视。

220kV变电站视频安全监视系统配置一览表见表6-6。

表6-6 　　　　　　　　　　　　　　　　　　　　　　　220kV变电站视频安全监视系统配置一览表

序号	安 装 地 点	安 装 数 量	序号	安 装 地 点	安 装 数 量
1	主变压器及低压无功补偿区	每台主变压器配置1台	6	低压配电室	根据规模配置2～4台
2	220kV设备区	根据规模配置2～3台	7	主控通信楼一楼门厅	配置1台低照度摄像机
3	110kV设备区	根据规模配置2～3台	8	全景（安装在主控通信楼楼顶）	配置1台
4	低压站用电	配置1台	9	红外对射装置或电子围栏	根据变电站围墙实际情况配置
5	二次设备室	每室配置2～4台			

（3）220kV变电站应设置1套火灾自动报警及消防子系统，火灾探测区域应按独立房（套）间划分。220kV变电站火灾探测区域有公用二次设备室、继电器室、通信机房（如有）、直流屏（柜）室、蓄电池室、可燃介质电容器室、各级电压等级配电装置室、油浸变压器、户内电缆沟及电缆竖井等。

（4）环境监测设备包括环境数据处理单元、温度传感器、湿度传感器、SF$_6$传感器、风速传感器（可选）、水浸传感器（可选）等。

6.4.10 二次设备模块化设计

6.4.10.1 二次设备模块化设计原则

1. 模块划分原则

模块设置主要按照功能及间隔对象进行划分，尽量减少模块间二次接线工作量，220kV智能变电站二次设备主要设置以下几种模块，实际工程应根据二次设备室的具体布置开展多模块组合设置：

（1）站控层设备模块：包含监控系统站控层设备、调度数据网络设备、二次系统安全防护设备等。

（2）公用设备模块：包含公用测控装置、时钟同步系统、电能量计量系统、故障录波装置、网络记录分析装置、辅助控制系统等。

（3）通信设备模块：包含光纤系统通信设备、站内通信设备等。

（4）电源系统模块：包含站用交流电源、直流电源、交流不间断电源（UPS）、逆变电源（INV，可选）、直流变换电源（DC/DC）、蓄电池等。

（5）220kV间隔设备模块：包含220kV线路（母联、桥、分段）保护装置、测控装置，220kV母线保护、电能表、220kV公用测控装置与交换机等。

（6）110(66)kV间隔设备模块：包含110(66)kV线路（母联）保护测控集成装置、110(66)kV母线保护、电能表、110(66)kV公用测控装置与交换机等。

（7）主变间隔设备模块：包含主变压器保护装置、主变测控装置、电能表等。

2. 模块化二次设备型式

模块化二次设备基本型式主要有模块化的二次设备和预制式智能控制柜两种。

6.4.10.2 二次设备模块化设置原则

220kV 户内变电站，站控层设备模块、公用设备模块、通信设备模块、主变间隔模块与电源系统模块布置于装配式建筑内；220kV、110kV 间隔层设备宜按间隔配置，分散布置于就地预制式智能控制柜内。

6.4.10.3 二次设备组柜原则

1. 站控层设备组柜原则

站控层设备组柜安装，显示器组柜布置，组柜如下：

(1) 监控主站兼操作员站柜 1 面，包括 2 套监控主机设备。

(2) Ⅰ区远动通信柜 1 面，包括含 Ⅰ区远动网关机（兼图形网关机）2 台、防火墙 2 台。

(3) Ⅱ、Ⅲ/Ⅳ区远动通信柜 1 面，含 Ⅱ区远动网关机 2 台、Ⅲ/Ⅳ区数据通信网关机 1 台。

(4) 调度数据网设备柜 2 面，包括含 2 台路由器、4 台数据网交换机、4 台纵向加密装置。

(5) 综合应用服务器柜 1 面，包括含 1 台综合应用服务器，正反向隔离装置 2 台。

(6) 智能防误主机柜 1 面，包括含 1 台智能防误主机。

(7) 站控层网络通信柜 1 面，包括 4 台Ⅰ区站控层中心交换机，2 台Ⅱ区站控层中心交换机，1 台通信管理机。

2. 间隔层及过程层设备组柜原则

(1) 间隔层设备下放布置。保护测控、合并单元、智能终端、过程层交换机、状态监测 IED 等设备下放布置于智能控制柜。

1) 220kV 线路间隔。

智能控制柜 1：保护 1＋测控＋智能终端 1＋合并单元 1＋过程层交换机 1。

智能控制柜 2：保护 2＋智能终端 2＋合并单元 2＋过程层交换机 2＋电能表。

2) 220kV 母联（分段）间隔。

智能控制柜 1：保护 1＋测控＋智能终端 1＋合并单元 1＋过程层交换机 1。

智能控制柜 2：保护 2＋智能终端 2＋合并单元 2＋过程层交换机 2。

3) 220kV 主变压器间隔。

智能控制柜：智能终端 1＋合并单元 1＋智能终端 2＋合并单元 2。

4) 220kV 母线设备间隔。

智能控制柜：母线测控＋智能终端＋合并单元＋避雷器状态监测 IED。

5) 220kV 母线保护。

保护柜 1：220kV 母线保护 1＋220kV 过程层中心交换机。

保护柜 2：220kV 母线保护 2＋220kV 过程层中心交换机。

6)　110(66)kV 线路间隔。

智能控制柜：110(66)kV 线路保护测控＋智能终端合并单元集成装置＋电能表。

7)　110(66)kV 母联（分段）间隔。

智能控制柜：110(66)kV 母联（分段）保护测控＋智能终端合并单元集成装置。

8)　110(66)kV 主变压器间隔

智能控制柜：智能终端合并单元集成装置 1＋智能终端合并单元集成装置 2。

9)　110(66)kV 母线设备间隔

智能控制柜：母线测控＋智能终端＋合并单元。

10)　110(66)kV 母线保护

保护柜：110(66)kV 母线保护。

11)　主变压器保护

保护柜 1：主变压器保护 1＋高压侧过程层交换机 1＋中压侧过程层交换机 1。

保护柜 2：主变压器保护 2＋高压侧过程层交换机 2＋中压侧过程层交换机 2。

12)　主变压器测控。主变压器高、中、低压侧及本体各测控装置组柜 1 面。

13)　主变电能表柜。每面柜不超过 9 只电能表（电能量集采装置可组于此柜或单独组柜）。

14)　35(10)kV 保护测控集成装置分散就地布置于开关柜。

15)　220kV、110kV 侧合并单元、智能终端布置于智能控制柜内。

16)　110kV 侧合并单元智能终端集成装置布置于智能控制柜内。

17)　低压侧智能终端合并单元集成装置就地布置于开关柜。

18)　主变压器本体智能终端＋主变压器本体非电量保护（可与本体智能终端整合也可独立配置）＋主变压器中性点合并单元 1＋主变压器中性点合并单元 2＋主变压器状态监测 IED 组柜 1 面。

（2）间隔层设备集中布置。

合并单元、智能终端、状态监测 IED 等设备下放布置于智能控制柜，保护测控、过程层交换机等设备集中布置于二次设备室或二次设备舱。

1)　220kV 母线保护。

保护柜 1：220kV 母线保护 1＋220kV 过程层中心交换机 1。

保护柜 2：220kV 母线保护 2＋220kV 过程层中心交换机 2。

2)　110(66)kV 母线保护。

保护柜：110（66）kV 母线保护。

3)　主变压器保护。

保护柜 1：主变压器保护 1＋高压侧过程层交换机 1＋中压侧过程层交换机 1。

保护柜 2：主变压器保护 2＋高压侧过程层交换机 2＋中压侧过程层交换机 2。

4）主变压器测控。主变压器高、中、低压侧及本体各测控装置组柜 1 面。

5）电能表宜按电压等级或设备对象组柜布置，每面柜不超过 9 只。

6）35(10)kV 保护测控集成装置分散就地布置于开关柜。

3．网络设备组柜方案

站控层交换机可与本二次设备室（舱）内的公用测控装置共同组柜。

4．其他二次系统组柜原则

（1）故障录波及网络记录分析装置：220kV 故障录波装置、110kV 故障录波装置、主变故障录波装置各组柜 1 面，网络记录分析装置组柜 2 面。

（2）时钟同步系统

二次设备室设主时钟柜 1 面，扩展柜根据需要配置。

（3）一次设备状态监测系统

状态监测 IED 布置于智能控制柜。

（4）智能辅助控制系统。智能辅助控制附件宜与综合应用服务器共同组柜 1 面，也可单独组屏。

（5）电能计量系统。计费关口表每 6 块组一面柜。电能量采集终端宜与主变各侧电能表共同组柜。

（6）集中接线柜。在二次设备室内宜设置集中接线柜。

（7）预留屏柜。二次设备室内可按终期规模的 10％～15％预留。

6.4.10.4　柜体统一要求

根据配电装置型式选择不同型式的屏柜，断路器汇控柜宜与智能智能控制柜一体化设计。

1．柜体要求

（1）二次设备室（舱）内柜体尺寸宜统一。靠墙布置二次设备宜采用前接线前显示设备，屏柜宜采用 2260mm×800mm×600mm（高×宽×深，高度中包含 60mm 眉头），设备不靠墙布置采用后接线设备时，屏柜宜采用 2260mm×600mm×600mm（高×宽×深，高度中包含 60mm 眉头），交流屏柜宜采用 2260mm×800mm×600mm（高×宽×深，高度中包含 60mm 眉头）。站控层服务器柜可采用 2260mm×600mm×900mm（高×宽×深，高度中包含 60mm 眉头）屏柜。

（2）当二次设备舱采用机架式结构时，机架单元尺寸宜采用 2260mm×700mm×600mm（高×宽×深，高度中包含 60mm 眉头）。

（3）全站二次系统设备柜体颜色应统一。

2．预制式智能控制柜要求

（1）柜的结构。柜结构为柜前后开门、垂直自立、柜门内嵌式的柜式结构。

（2）柜体颜色，全站智能控制柜体颜色应统一。

（3）柜体要求。

1）宜采用双层不锈钢结构，内层密闭，夹层通风；当采用户外布置时，柜体的防护等级至少应达到 IP54；当采用户内布置时，柜体的防护等级至少应达到 IP40。

2）宜具有散热和加热除湿装置，在温湿度传感器达到预设条件时启动。

3）预制式智能控制柜内部的环境控制措施应满足二次设备的长年正常工作温度、电磁干扰、防水防尘等要求，不影响其运行寿命。

6.4.11　互感器二次参数要求

6.4.11.1　对电流互感器的要求

采用常规电流互感器时，宜配置合并单元，合并单元宜下放布置在预制式智能控制柜内。电流互感器二次参数配置见表 6-7。

表 6-7　　　　　　　　　　　　　　　　　　　　　　　电流互感器二次参数配置表

项　目	电　压　等　级		
	220kV	110kV	35（10）kV
主接线	双母线（双母线双分段、双母线单分段）	双母线（双母线分段）（单母线）	单母线分段
台数	3 台/间隔	3 台/间隔	3（2）台/间隔
二次额定电流	1A	1A	5A 或 1A
准确级	主变压器进线、出线、分段、母联：5P/5P/0.2S/0.2S	主变压器进线：5P/5P/0.2S/0.2S； 出线：5P/0.2S/0.2S； 分段、母联：5P/0.2S	主变压器进线：5P/5P/0.2S/0.2S； 出线、电抗器、电容器及站用变：5P/0.5/0.2S； 分段：5P/0.5； 主变高压侧中性点：5P/5P； 主变中压侧中性点：5P/5P
二次绕组数量	4	主变压器：4； 出线：3； 分段、母联：2	主变压器进线：4； 出线、电抗器、电容器及站用变：3； 分段：2； 主变高压侧中性点：2； 主变中压侧中性点：2
二次绕组容量	按计算结果选择	按计算结果选择	按计算结果选择

注　1. 当 35（10）kV 配置母差保护时，按需要增加电流互感器二次绕组。

　　2. 电流互感器二次绕组容量参考值 15VA，计量用电流互感器 0.2S 级绕组容量统一调整为 5VA。

6.4.11.2　对电压互感器的要求

采用常规电压互感器配置合并单元时，合并单元宜下放布置在预制式智能控制柜内。电压互感器二次参数配置见表 6-8。

表 6－8   电压互感器二次参数一览表

项　目	电 压 等 级		
	220kV	110(66)kV	35(10)kV
主接线	双母线（双母线分段）	双母线（双母线分段）	单母线分段
台数	母线、线路、主变侧：三相	母线、线路、主变侧：三相	母线：三相
准确级	母线、线路、主变侧：0.2/0.5(3P)/0.5(3P)/3P	母线、线路、主变侧：0.2/0.5(3P)/0.5(3P)/3P	母线：0.2/0.5(3P)/0.5(3P)/6P
二次绕组数量	母线、线路、主变侧：4	母线、线路、主变侧：4	母线：4
额定变比	母线、线路、主变侧 $\dfrac{220}{\sqrt{3}}\bigg/\dfrac{0.1}{\sqrt{3}}\bigg/\dfrac{0.1}{\sqrt{3}}\bigg/\dfrac{0.1}{\sqrt{3}}\bigg/0.1\mathrm{kV}$	母线、线路、主变侧 $\dfrac{110}{\sqrt{3}}\bigg/\dfrac{0.1}{\sqrt{3}}\bigg/\dfrac{0.1}{\sqrt{3}}\bigg/\dfrac{0.1}{\sqrt{3}}\bigg/0.1\mathrm{kV}$	母线 $\dfrac{35(10)}{\sqrt{3}}\bigg/\dfrac{0.1}{\sqrt{3}}\bigg/\dfrac{0.1}{\sqrt{3}}\bigg/\dfrac{0.1}{\sqrt{3}}\bigg/\dfrac{0.1}{3}\mathrm{kV}$
二次绕组容量	按计算结果选择	按计算结果选择	按计算结果选择

注 1．220kV、110(66)kV 电压互感器二次绕组容量参考值 10VA。当存在关口计费点，计量需模拟量采样时，可根据计算结果增加容量。

2．35(10)kV 电压互感器二次绕组容量应根据工程规模、按计算结果选择，参考值 30～50VA。

6.4.12 光/电缆选择

6.4.12.1 光缆选择要求

（1）采样值和保护 GOOSE 等可靠性要求较高的信息传输宜采用光纤。

（2）二次设备室与各小室之间的网络连接则应采用光缆。

（3）双重化保护的电流、电压以及 GOOSE 跳闸控制回路应采用相互独立的光缆。

（4）光缆起点、终点为同一对象的多个相关装置时（在同一智能控制柜内对应一套继电保护的多个装置），可合用同一根光缆进行连接，一根光缆的芯数不宜超过 24 芯。

（5）双重化配置的两套保护不共用同一根光缆，不共用 ODF 配线架。

（6）光缆技术要求。

1）光缆的选用根据其传输性能、使用的环境条件决定。

2）除线路纵联保护专用光纤外，其余宜采用缓变型多模光纤。

3）室外光缆宜采用铠装非金属加强芯阻燃光缆，当采用槽盒或穿管敷设时，宜采用非金属加强芯阻燃型。光缆芯数宜选取 8 芯、12 芯、24 芯。

4）室内不同屏柜间二次装置连接宜采用尾缆或软装光缆，尾缆（软装光缆）宜采用 4 芯、8 芯、12 芯规格。柜内二次装置间连接宜采用跳线，柜内跳线宜采用单芯或多芯跳线。

5）每根光缆或尾缆应至少预留 2 芯备用芯，一般预留 20％备用芯。

（7）预制光缆。

1）跨房间、跨场地不同屏柜间二次装置连接宜采用室外双端预制光缆，应合理预留光缆长度，避免长度过长导致余缆收纳困难。

2）预制光缆起点、终点所在屏柜均采用高密度免熔接光配模块。

3）室外预制光缆宜采用铠装非金属加强芯阻燃光缆，且自带高密度连接器或分支器，当采用槽盒或穿管敷设时，宜采用非金属加强芯阻燃型。光缆芯数宜选用8芯、12芯、24芯。

4）预制光缆户外部分应采用插头光缆，户内部分应采用插座光缆。

6.4.12.2　网线选择要求

二次设备室内网络通信连接宜采用铠装超五类屏蔽双绞线。

6.4.12.3　电缆选择及敷设要求

（1）电缆选择及敷设的设计应符合GB 50217—2018《电力工程电缆设计规范》的规定。

（2）为增强抗干扰能力，机房和小室内强电和弱电线应采用不同的走线槽进行敷设。

（3）双重化配置保护的电流回路、电压回路、直流电源回路、双跳闸线圈的控制回路等，不应合用一根多芯电缆，电流互感器、电压互感器至端子箱电缆除外。

（4）主变压器、GIS本体与智能控制柜之间二次控制电缆宜采用预制电缆连接。电流、电压互感器与智能控制柜之间二次控制电缆不宜采用预制电缆。

（5）电流互感器二次电流回路的电缆芯线截面不应小于$4mm^2$；电压互感器二次电压回路的电缆芯线截面不应小于$2.5mm^2$。计量二次回路电缆芯线截面不应小于$4mm^2$。

（6）控制电缆的芯线最小截面，强电控制回路，不应小于$1.5mm^2$；弱电控制回路，不应小于$1.0mm^2$。

（7）二次电缆芯线截面面积不大于$4mm^2$时应留有备用芯，备用芯比例不低于20%或不少于2芯。

6.4.13　二次设备的接地、防雷、抗干扰

二次设备接地、防雷、抗干扰应符合GB/T 50065—2011《交流电气装置的接地设计规范》、DL/T 5136—2012《火力发电厂、变电站二次接线设计技术规程》的相关规定。

6.4.13.1　接地

（1）在二次设备室屏柜下层的电缆室（或电缆沟道）内，沿屏柜布置的方向逐排敷设截面积不小于$100mm^2$的铜排（缆），将铜排（缆）的首端、末端分别连接，按屏柜布置的方向敷设成"目"字形结构，形成二次设备室内的等电位地网。该等电位地网应与变电站主地网一点相连，连接点设置在二次设备室的电缆沟道入口处。为保证连接可靠，等电位地网与主地网的连接应使用4根及以上，每根截面积不小于$50mm^2$的铜排（缆）。连接点处需设置明显的二次接地标识。

（2）微机保护和控制装置的屏柜下部应设有截面积不小于$100mm^2$的铜排（不要求与保护屏绝缘），屏柜内所有装置、电缆屏蔽层、屏柜门体的接地端应用截面积不小于$4mm^2$的多股铜线与其相连，铜排应用截面积不小于$50mm^2$的铜缆接至二次设备室内的等电位接地网。

（3）直流电源系统绝缘监测装置的平衡桥和检测桥的接地端以及微机型继电保护装置柜屏内的交流供电电源（照明、打印机和调制解调器）的中性

线（零线）不应接入保护专用的等电位接地网。

（4）为防止地网中的大电流流经电缆屏蔽层，应在开关场二次电缆沟道内沿二次电缆敷设截面积不小于 100mm^2 的专用铜排（缆）；专用铜排（缆）的一端在开关场的每个就地端子箱处与主地网相连，另一端在二次设备室的电缆沟道入口处与主地网相连，铜排不要求与电缆支架绝缘。

（5）接有二次电缆的开关场就地端子箱内（汇控柜、智能控制柜）应设有铜排（不要求与端子箱外壳绝缘），二次电缆屏蔽层、保护装置及辅助装置接地端子、屏柜本体通过铜排接地。铜排截面积应不小于 100mm^2 一般设置在端子箱下部，通过截面积不小于 100mm^2 的铜缆与电缆沟道内不小于的 100mm^2 的专用铜排（缆）及变电站主地网相连。

（6）由一次设备（如变压器、断路器、隔离开关和电流、电压互感器等）直接引出的二次电缆的屏蔽层应使用截面不小于 4mm^2 多股铜质软导线仅在就地端子箱处一点接地，在一次设备的接线盒（箱）处不接地，二次电缆经金属管从一次设备的接线盒（箱）引至电缆沟，并将金属管的上端与一次设备的底座或金属外壳良好焊接，金属管另一端应在距一次设备 $3\sim5\text{m}$ 之外与主接地网焊接。

（7）应沿线路纵联保护光电转换设备至光通信设备光电转换接口装置之间的 2M 同轴电缆敷设截面积不小于 100mm^2 铜电缆。该铜电缆两端分别接至光电转换接口柜和光通信设备（数字配线架）的接地铜排。该接地铜排应与 2M 同轴电缆的屏蔽层可靠相连。为保证光电转换设备和光通信设备（数字配线架）的接地电位的一致性，光电转换接口柜和光通信设备的接地铜排应同点与主地网相连。重点检查 2M 同轴电缆接地是否良好，防止电网故障时由于屏蔽层接触不良影响保护通信信号。

（8）为取得必要的抗干扰效果，可在敷设电缆时使用金属电缆托盘（架），将各段电缆托盘（架）与接地网紧密连接，并将不同用途的电缆分类、分层敷设在金属电缆托盘（架）中。

（9）微机型继电保护装置之间、保护装置至开关场就地端子箱之间以及保护屏至监控设备之间所有二次回路的电缆屏蔽层应两端接地，严禁使用电缆内的备用芯线替代屏蔽层接地。

（10）电流互感器或电压互感器的二次回路，均必须且只能有一个接地点。当两个及以上电流（电压）互感器二次回路间有直接电气联系时，其二次回路接地点设置应符合以下要求：①便于运行中的检修维护；②互感器或保护设备的故障、异常、停运、检修、更换等均不得造成运行中的互感器二次回路失去接地。

（11）未在开关场接地的电压互感器二次回路，宜在电压互感器端子箱处将每组二次回路中性点分别经放电间隙或氧化锌阀片接地。应定期检查放电间隙或氧化锌阀片，防止造成电压二次回路出现多点接地。为保证接地可靠，各电压互感器的中性线不得接有可能断开的开关或熔断器等。

（12）独立的、与其他互感器二次回路没有电气联系的电流互感器二次回路可在开关场一点接地，但应考虑将开关场不同点地电位引至同一保护柜时对二次回路绝缘的影响。

（13）电压互感器剩余绕组的引出端之一应接地。

（14）所有敏感电子装置的工作接地不与安全地或保护地混接。

（15）配电装置楼内穿墙或暗敷的通信缆线穿镀锌钢管，钢管两端就近接地。

6.4.13.2 防雷

必要时，在各种装置的交、直流电源输入处设电源防雷器，在通信信道装设通信信道防雷器。

6.4.13.3　抗干扰

（1）微机型继电保护装置之间、保护装置至开关场就地端子箱之间以及保护屏至监控设备之间所有二次回路的电缆均应使用屏蔽电缆。

（2）合理规划二次电缆的路径，尽可能离开高压母线、避雷器和避雷针的接地点，并联电容器、电容式电压互感器、结合电容及电容式套管等设备；避免或减少迂回以缩短二次电缆的长度；拆除与运行设备无关的电缆。

（3）交流电流和交流电压回路、不同交流电压回路、交流和直流回路、强电和弱电回路，以及来自电压互感器二次的四根引入线和电压互感器开口三角绕组的两根引入线均应使用各自独立的电缆。

（4）保护装置的跳闸回路和启动失灵回路均应使用各自独立的光（电）缆。

（5）制造部门应提高微机保护抗电磁骚扰水平和防护等级，保护装置由屏外引入的开入回路应采用 ±220V/110V 直流电源。光耦开入的动作电压应控制在额定直流电源电压的 55%～70% 范围以内。

（6）继电保护及安全自动装置应选用抗干扰能力符合有关规程规定的产品，针对来自系统操作、故障、直流接地等的异常情况，应采取有效防误动措施。

（7）外部开入直接启动，不经闭锁便可直接跳闸（如变压器和电抗器的非电量保护、不经就地判别的远方跳闸等），或虽经有限闭锁条件限制，但一旦跳闸影响较大（如失灵启动等）的重要回路，应在启动开入端采用动作电压在额定直流电源电压的 55%～70% 范围以内的中间继电器，并要求其动作功率不低于 5W。

（8）经长电缆跳闸回路，宜采取增加出口继电器动作功率等措施，防止误动。

（9）经过配电装置的通信网络连线均采用光纤介质。

6.5　土建部分

6.5.1　站址基本条件

海拔小于 1000m，设计基本地震加速度 0.10g，设计风速不大于 30m/s，天然地基、地基承载力特征值 f_{ak}＝150kPa，无地下水影响，场地同一设计标高。

6.5.2　总布置

6.5.2.1　总平面布置

变电站的总平面布置应根据生产工艺、运输、防火、防爆、保护和施工等方面的要求，按远期规模对站区的建构筑物、管线及道路进行统筹安排，工艺流畅。

6.5.2.2　站内道路

站内道路宜采用环形道路；当环道布置有困难时，可设回车场或 T 形回车道。变电站大门宜面向站内主变压器运输道路。

变电站大门及道路的设置应满足主变压器、大型装配式预制件等整体运输的要求。

站内主变压器运输道路宽度为 4.5m、转弯半径不小于 12m；消防道路宽度为 4m、转弯半径不小于 9m；检修道路宽度为 3m、转弯半径 7m。

消防道路路边至建筑物（长/短边）外墙之间距不宜小于 5m。道路外边缘距离围墙轴线距离为 1.5m。

站内道路宜采用公路型道路，湿陷性黄土地区、膨胀土地区宜采用城市型道路，可采用混凝土路面或其他路面。采用公路型道路时，路面宜高于场地设计标高 150mm。

6.5.2.3　场地处理

户外配电装置场地宜采用碎石，雨水充沛地区可简单绿化，但不应设置管网等绿化给水设施。

6.5.3　装配式建筑

6.5.3.1　建筑

（1）建筑应严格按工业建筑标准设计，风格统一、造型协调、方便生产运行，并做好建筑"四节（节能、节地、节水、节材）一环保"工作。建筑材料选用因地制宜，选择节能、环保、经济、合理的材料。

变电站内建筑物名称和房间名称应统一。

半户内变电站设两幢配电装置楼，设置独立的警卫室。

（2）建筑物按无人值守运行设计，仅设置生产用房及辅助生产用房。

半户内变电站变压器、散热器设置于户外，220kV 配电装置楼地上两层，一层设置有电容器室、电抗器室，二层设置有 GIS 室、二次设备室。110kV 配电装置楼地上两层，地下一层，地下一层为电缆夹层，地上一层设置有 10kV 配电装置室、资料室、应急操作室、防汛室、工具间，二层设置有 GIS 室、二次设备室、蓄电池室。

警卫室设置有：警卫室、保电值班室、备餐间、卫生间。

综合水泵房设置有：消防泵房和雨淋阀间，地下为消防水池。

（3）建筑物体型应紧凑、规整，在满足工艺要求和总布置的前提下，优先布置成单层建筑；外立面及色彩与周围环境相协调。对于严寒地区，建筑物屋面宜采用坡屋面。

（4）外墙板。外墙板应选用节能环保、经济合理的材料；应满足保温、隔热、防水、防火、强度及稳定性要求。墙板尺寸应根据建筑外形进行排版设计，减少墙板长度和宽度种类，在满足荷载及温度作用的前提下，结合生产、运输、安装等因素确定，避免现场裁剪、开洞；采用工业化生产的成品，减少现场叠装，避免现场涂刷，便于安装。外围护墙体开孔应提前在工厂完成，并做好切口保护，避免板中心开洞；洞口应采取收边、加设具有防水功能的泛水、涂密封胶等防水措施。建筑物转角处宜采用一体转角板。

外围护墙体应根据使用环境条件合理选用，宜采用一体化铝镁锰复合墙板、纤维水泥复合墙板或一体化纤维水泥集成板等一体化墙板，强腐蚀性地区宜优先选用水泥基板材。应根据使用条件合理选择墙体中间保温层材料及厚度。用于防火墙时，应满足 3h 耐火极限。

（5）内隔墙。建筑内隔墙宜采用纤维水泥复合墙板、轻钢龙骨石膏板或一体化纤维水泥集成墙板。纤维水泥复合墙板由两侧面板＋中间保温层组成。面板采用纤维水泥饰面板；中间保温层采用岩棉或轻质条板。内墙板板间启口处采用白色耐候硅碉胶封缝。轻钢龙骨石膏板为三层结构，现场复合，由两侧石膏板和中间保温层组成，中间保温层采用岩棉，石膏板层数和保温层厚度根据内隔墙耐火极限需求确定，外层应有饰面效果。内隔墙与地面交接处，设置防潮垫块或在室内地面以上 150～200mm 范围内将内隔墙龙骨采用混凝土进行包封，防止石膏板遇水受潮变形。内隔墙排版应根据墙体立面尺寸划分，减少墙板长度和宽度种类。

（6）屋面。屋面板采用钢筋桁架楼承板，轻型门式刚架结构屋面板宜采用压型钢板复合板。轻型门式刚架结构屋面材料宜采用锁边压型钢板，满足Ⅰ级防水要求。屋面宜设计为结构找坡，平屋面采用结构找坡不得小于 5％，建筑找坡不得小于 3％；天沟、檐沟纵向找坡不得小于 1％。寒冷地区建筑物屋面宜采用坡屋面，坡屋面坡度应符合设计规范要求。

屋面采用有组织防水，防水等级采用Ⅰ级。

（7）室内外装饰装修。变电站楼、地面做法应按照现行国家标准图集或地方标准图集选用，无标准选用时，可按国网输变电工程标准工艺选用。

配电装置室、电抗器室、电容器室、站用变室、蓄电池室等电气设备房间宜采用环氧树脂漆地坪、自流平地坪、地砖或细石混凝土地坪等；卫生间、室外台阶采用防滑地砖，卫生间四周除门洞外，应做高度不应小于 120mm 混凝土翻边。卫生间采用瓷砖墙面。

卫生间设铝板吊顶，其余房间和走道均不宜设置吊顶。

房间内部装修材料应符合 GB 50222—2017《建筑内部装修设计防火规范》要求。

（8）门窗。门窗应设计成规整矩形，不应采用异型窗。

门窗宜设计成以 3M 为基本模数的标准洞口，尽量减少门窗尺寸，一般房间外窗宽度不宜超过 1.50m，高度不宜超过 1.50m。

门采用木门、钢门、铝合金门、防火门，建筑物一层门窗采取防盗措施。

外窗宜采用断桥铝合金门窗或塑钢窗，窗玻璃宜采用中空玻璃。蓄电池室、卫生间的窗采用磨砂玻璃。

建筑外门窗抗风压性能分级不得低于 4 级，气密性能分级不得低于 3 级，水密性能分级不得低于 3 级，保温性能分级为 7 级，隔音性能分级为 4 级，外门窗采光性能等级不低于 3 级。

当建筑物采用一体化墙板时，GIS 室宜在满足密封、安全、防火、节能的前提下采用可拆卸式墙体，不设置设备运输大门。墙体大小应满足设备运输要求，并方便拆卸安装。

（9）楼梯、坡道、台阶及散水。

楼梯尺寸设计应经济合理。楼梯间轴线宽度宜为 3m。踏步高度不宜小于 0.15m，步宽不宜大于 0.30m。踏步应防滑。室内台阶踏步数不应小于 2 级。当高差不足 2 级时，应按坡道要求设置。

楼梯梯段改变方向时，扶手转向端处的平台最小宽度不应小于梯段宽度，并不得小于 1.20m。

室内楼梯扶手高度不宜小于 900mm。靠楼梯井一侧水平扶手长度超过 500mm 时，其高度不应小于 1.05m。

踏步、坡道、台阶采用细石混凝土或水泥砂浆材料。

细石混凝土散水宽度为 0.60m，湿陷性黄土地区不得小于 1.50m。散水与建筑物外墙间应留置沉降缝，缝宽 20～25mm，纵向 6m 左右设分隔缝一道。

（10）建筑节能。

控制建筑物窗墙比，窗墙比应满足国家标准规范要求。

建筑外窗选用中空玻璃，改善门窗的隔热性能。

墙面、屋面宜采用保温隔热层设计。

6.5.3.2 结构

（1）装配式建筑物宜采用钢框架结构或轻型钢结构。当单层建筑物恒载、活载均不大于 $0.7kN/m^2$，基本风压不大于 $0.7kN/m^2$ 时可采用轻型钢结构。地下电缆层采用钢筋混凝土结构。

（2）钢结构梁宜采用 H 型钢，结构柱宜采用 H 形、箱形截面柱。楼面板宜采用压型钢板为底模的现浇楼板或钢筋桁架楼承板，屋面板采用钢筋桁架楼承板，轻型门式刚架结构屋面材料宜采用锁边压型钢板，满足 I 级防水要求。

（3）单层建筑的柱间距推荐采用 6～7.5m，多层建筑的柱间距应根据电气工艺布置进行优化，柱距宜控制在 2～3 种。

（4）当施工对主体结构的受力和变形有较大影响时，应进行施工验算。

（5）钢结构建筑物宜采用全栓接，全螺栓连接部位包括框架梁与框架柱、主梁与次梁、围护结构的次檩条与主檩条（或龙骨）、围护结构与主体结构、雨篷挑梁与雨篷梁、雨篷梁与主体框架柱。

（6）地下室基础采用梁式筏板基础。

（7）钢结构的防腐可采用镀层防腐和涂层防腐。

（8）丙类钢结构多层厂房的耐火等级为一级、二级，丁、戊类单层钢结构厂房耐火等级为二级。

厂房耐火等级为一级时，钢柱的耐火极限为 3h，钢梁的耐火极限为 2h；如厂房为单层布置，钢柱的耐火极限为 2.5h。厂房耐火等级为二级时，钢柱耐火极限为 2.5h，钢梁的耐火极限为 1.5h；如厂房为单层布置，钢柱的耐火极限为 2.0h。

钢结构构件应根据耐火等级确定耐火极限，选择厚、薄型的防火涂料。耐火等级为一级的丙类钢结构厂房柱可外包防火板。

6.5.4 装配式构筑物

6.5.4.1 围墙及大门

围墙宜采用装配式围墙，围墙高度不低于 2.5m。城市规划有特殊要求的变电站可采用通透式围墙。

装配式围墙柱宜采用预制钢筋混凝土柱或型钢柱。预制钢筋混凝土柱采用工字形，截面尺寸不宜小于 250mm×250mm，墙体宜采用预制墙板。

围墙顶部宜设钢筋混凝土预制压顶，推荐标准尺寸为 440mm×490mm×60/70mm（长×宽×厚）。

站区大门宜采用电动实体推拉门。

6.5.4.2 防火墙

防火墙宜采用装配式围墙，耐火极限不小于 3h。

防火墙宜采用现浇框架，根据主变构架柱根开和防火墙长度设置钢筋混凝土现浇柱。采用标准钢模浇制混凝土；预制墙板防火墙墙体材料采用厚 150mm 清水混凝土预制板或厚 150mm 蒸压轻质加气混凝土板。

6.5.4.3 电缆沟

（1）配电装置区不设电缆支沟，可采用电缆埋管、电缆排管或成品地面槽盒系统。除电缆出线外，电缆沟宽度宜采用 800mm、1100mm、1400mm。

（2）主电缆沟宜采用砌体或现浇混凝土沟体，当造价不超过现浇混凝土时，也可采用预制装配式电缆沟。砌体沟体顶部宜设置预制素混凝土压顶，推荐标准尺寸为990mm×150mm×12mm（长×宽×厚）。沟深不大于1000mm时，沟体宜采用砌体；沟深大于1000mm或离路边距离小于1000mm时，沟体宜采用现浇混凝土。在湿陷性黄土及寒冷地区，不宜采用砖砌体电缆沟。电缆沟沟壁应高出场地地坪100mm。

（3）电缆沟采用成品盖板，材料为包角钢钢筋混凝土盖板或不燃有机复合盖板。风沙地区盖板应采用带槽口盖板，宽度根据电缆沟宽度确定，单件重量不超过140kg。

6.5.4.4 构、支架

（1）构、支架统一采用钢结构，钢结构连接方式宜采用螺栓连接。

（2）构架柱宜采用钢管A型柱结构，构架梁宜采用三角形格构式钢梁；构件采用螺栓连接，梁柱连接宜采用铰接，构架柱与基础采用地脚螺栓连接。

（3）设备支架柱采用圆形钢管结构，支架横梁采用型钢横梁，支架柱与基础采用地脚螺栓连接。

（4）独立避雷针及构架上避雷针采用钢管结构。对严寒大风地区，避雷针钢材应具有常温冲击韧性的合格保证。

（5）钢构、支架防腐均采用热镀锌或冷喷锌防腐。

6.5.5 暖通、水工、消防、降噪

6.5.5.1 暖通

建筑物内生产用房应根据工艺设备对环境温度的要求采用分体空调或工业空调，寒冷地区可采用电辐射加热器。二次设备室、蓄电池室、警卫室等设置分体空调。

各电气设备室均采用自然进风、自然或机械排风，排除设备运行时产生的热量。正常通风降温系统可兼作事故后排烟用。

电抗器室等运行噪声大的电气设备间通风应兼顾环保降噪需要；采用SF_6气体绝缘设备的配电装置室内应设置SF_6气体探测器，SF_6事故通风系统应与SF_6报警装置联动。

通风系统与消防报警系统应能联动闭锁，同时具备自动启停、现场控制和远方控制的功能。

室内存在保护装置的开关柜室，当室内环境温度超过5～30℃范围，应考虑配置空调等有效的调温措施；当室内日平均相对湿度大于95%或月平均相对湿度大于75%，应考虑配置除湿设备。

6.5.5.2 水工

水源宜采用自来水水源或打井供水，污水排入市政污水管网或排入化粪池定期清理或设置污水处理装置。站区雨水通过设置在地下雨水泵池集中排放至站外沟渠或市政雨水管网。

主变设有油水分离式总事故油池，油池有效容积按最大主变油量的100%考虑，容积为90m³，主变油池压顶采用素混凝土空心结构，推荐标准尺寸为990mm×250mm×200mm（长×宽×厚）。

排水设施在经济合理时，可采用预制式成品。

6.5.5.3 消防

站内设置火灾自动探测报警系统，报警信号上传至地区监控中心及相关单位。

建筑物按建筑体积、火灾危险性分类及耐火等级确定是否设置消防给水及消火栓系统。主变压器宜采用水喷雾灭火系统；建筑物室内外及配电装置区采用移动式化学灭火器。电缆从室外进入室内的入口处，应采取防止电缆火灾蔓延的阻燃及分隔的措施。电缆夹层和竖井设置火灾监测装置和自动灭火设施。

6.5.5.4　降噪

变电站噪声须满足 GB 12348—2008《工业企业厂界环境噪声排放标准》及 GB 3096—2008《声环境质量标准》要求。

6.6　机械化施工

变电站所用混凝土优先选用商品泵送混凝土，车辆运输至现场，并利用泵车输送到浇筑工位，直接入模。

构架基础、主变防火墙等采用定型钢模板，模板拼装采用螺栓连接。

构架、建筑房屋钢结构、围护板墙结构系统、屋面板系统，均采用工厂化加工，运输至现场后采用机械吊装组装。

构架、建筑结构钢柱等柱脚采用地脚螺栓连接，柱底与基础之间的二次浇注混凝土采用专用灌浆工具进行作业。

第三篇

技术导则——110kV等级

第7章 110kV智能变电站模块化建设通用设计技术导则

7.1 概述

7.1.1 设计对象

110kV智能变电站模块化建设通用设计对象为国家电网公司系统内的110kV户外变电站和户内变电站，不包括地下、半地下等特殊变电站。

7.1.2 设计范围

变电站围墙以内，设计标高零米以上的生产及辅助生产设施。受外部条件影响的项目，如系统通信、保护通道、进站道路、站外给排水、地基处理、土方工程等不列入设计范围。

7.1.3 运行管理方式

原则上按无人值班设计。

7.1.4 模块化建设原则

电气一次、二次集成设备最大程度实现工厂内规模生产、调试、模块化配送，减少现场安装、接线、调试工作，提高建设质量、效率。

监控、保护、通信等站内公用二次设备宜按功能设置一体化监控模块、电源模块、通信模块等；间隔层设备宜按电压等级或按电气间隔设置模块，户外变电站宜采用模块化二次设备、预制式智能控制柜，户内变电站宜采用模块化二次设备和预制式智能控制柜。

过程层智能终端、合并单元宜下放布置于智能控制柜，智能控制柜与GIS控制柜一体化设计。

宜采用预制电缆和预制光缆实现一次设备与二次设备、二次设备间的光缆、电缆即插即用标准化连接。

变电站高级应用应满足电网大运行、大检修的运行管理需求，采用模块化设计、分阶段实施。

建筑物，构、支架宜采用装配式钢结构，实现标准化设计、工厂化制作、机械化安装。

构筑物基础采用标准化尺寸，定型钢模浇制。

7.2 电力系统

7.2.1 主变压器

单台主变压器容量按 31.5MVA、50MVA、63MVA、80MVA 配置。主变压器可采用三绕组、双绕组或自耦，无载调压或有载调压变压器。变压器调压方式应根据系统情况确定。

一般地区主变压器远景规模宜按 3 台配置，对于负荷密度特别高的城市中心、站址选择困难地区主变压器远景规模可按 4 台配置，对于负荷密度较低的地区主变压器远景规模可按 2 台配置。

7.2.2 出线回路数

110kV 出线：一般情况下按 2～4 回配置，有电网特殊要求时可按 6～8 回配置。

35kV 出线：每台主变压器按 3～4 回配置。

10kV 出线：一般情况下每台主变压器按 8～12 回配置，有电网特殊要求时可按 14～24 回配置。

实际工程可根据具体情况对各电压等级回路数进行适当调整。

7.2.3 无功补偿

容性无功补偿容量按 10％～15％配置，具体方案以系统计算为准进行配置。

对于架空、电缆混合的 110kV 变电站，应根据系统条件经过具体计算后确定感性和容性无功补偿配置。

在不引起高次谐波谐振、有危害的谐波放大和电压变动过大的前提下，无功补偿装置宜加大分组容量和减少分组组数。

通用设计每台变压器低压侧无功补偿组数为 2 组。

具体工程需经过调相调压计算来确定无功容量及分组的配置。

7.2.4 系统接地方式

110kV 系统采用有效接地系统，可通过主变中性点实现通过隔离开关直接接地或经间隙接地的两种运行方式；主变 35kV 或 10kV 侧采用非有效接地系统，宜结合线路负荷性质、供电可靠性等因素，采用不接地、经消弧线圈或小电阻接地方式。

7.3 电气部分

7.3.1 电气主接线

电气主接线应根据变电站的规划容量，线路、变压器连接元件总数，设备特点等条件确定。结合"两型三新一化"要求，电气主接线应结合考虑供电可靠性、运行灵活、操作检修方便、节省投资、便于过渡或扩建等要求。对于终端变电站，当满足运行可靠性要求时，应简化接线型式，采用线变组或桥型接线。对于GIS、HGIS等设备，宜简化接线型式，减少元件数量。

1. 110kV电气接线

110kV最终规模2线2变采用内桥接线或线变组接线；2线3变时采用扩大内桥接线；3线3变时采用线变组、扩大内桥＋线变组接线；4回出线以上时采用单母线分段接线或环入环出接线。

实际工程中应根据出线规模、变电站在电网中的地位及负荷性质，确定电气接线，当满足运行要求时，宜简化接线。

2. 35kV电气接线

35kV出线6回及以上时采用单母线分段接线。

3. 10kV电气接线

2台主变压器时宜采用单母线分段接线；3台主变压器出线回路数在36回以下时采用单母线三分段接线，36回及以上时采用单母线三分段、四分段接线；当每台主变压器带16回及以上出线时，每台主变压器采用双分支单母线分段接线。

4. 主变中性点接地方式

110kV主变压器经隔离开关接地，依据出线线路总长度及出线线路性质确定35kV、10kV系统采用不接地、经消弧线圈或小电阻接地方式。

7.3.2 短路电流

（1）110kV电压等级：短路电流控制水平40kA，设备短路电流水平40kA。

（2）35kV电压等级：短路电流控制水平25kA，设备短路电流水平31.5kA。

（3）10kV电压等级：短路电流控制水平25kA，设备短路电流水平31.5kA。

7.3.3 主要设备选择

（1）电气设备选型应从《国家电网有限公司35～750kV输变电工程通用设计、通用设备应用目录》（现行版本2022年版，实际应用需按最新版）中选择，并且须按照《国家电网公司输变电工程通用设备》（现行版本2018年版，实际应用需按最新版）要求统一技术参数、电气接口、二次接口、土建接口。

（2）变电站内一次设备应综合考虑测量数字化、状态可视化、功能一体化和信息互动化；一次设备应采用"一次设备本体＋智能组件"形式；与一次设备本体有安装配合的互感器、智能组件，应与一次设备本体采用一体化设计，优化安装结构，保证一次设备运行的可靠性及安全性。

（3）主变压器采用三相三绕组/双绕组，或三相自耦低损耗变压器，冷却方式为ONAN或ONAN/ONAF。位于城镇区域的变电站宜采用低噪声变压器。当低压侧为10kV时，户内变电站宜采用高阻抗变压器。主变压器可通过集成于设备本体的传感器，配置相关的智能组件实现冷却装置、有载分接开关的智能控制。

（4）110kV开关设备可采用瓷柱式断路器、罐式断路器或GIS、HGIS设备；对于高寒地区，当经过专题论证瓷柱式断路器不能满足低温液化要求时，可选用罐式断路器，对110kV配电装置进行优化调。开关设备可通过集成于设备本体上的传感器，配置相关的智能组件实现智能控制，并需一体化设计、一体化安装、模块化建设。位于城市中心的变电站可采用小型化配电装置设备。

（5）互感器选择宜采用电磁式电流互感器、电容式电压互感器（瓷柱式）或电磁式互感器（GIS），并配置合并单元。具体工程经过专题论证也可选择电子式互感器。

（6）35(10)kV 户外开关设备可采用瓷柱式 SF_6 断路器、隔离开关。35(10)kV 户内开关设备采用户内空气绝缘或 SF_6 气体绝缘开关柜。并联电容器回路宜选用 SF_6 断路器。

位于城市中心的变电站可采用小型化配电装置设备。

（7）状态监测。

1）每台主变配置 1 套油中溶解气体状态监测装置；变压器本体预留局放监测接口。

2）避雷器泄漏电流、放电次数传感器以避雷器为单位进行配置，每台避雷器配置 1 只传感器。

3）一次设备状态监测的传感器，其设计寿命应不少于被监测设备的使用寿命。

7.3.4　导体选择

母线载流量按最大系统穿越功率外加可能同时流过的最大下载负荷考虑，按发热条件校验。

出线回路的导体按照长期允许载流量不小于送电线路考虑。

110kV 导线截面应进行电晕校验及对无线电干扰校验。

主变压器高、中压侧回路导体载流量按不小于主变压器额定容量 1.05 倍计算，实际工程可根据需要考虑承担另一台主变压器事故或检修时转移的负荷。主变低压侧回路导体载流量按实际最大可能输送的负荷或无功容量考虑；110kV 母联导线载流量须按不小于接于母线上的最大元件的回路额定电流考虑，110kV 分段载流量须按系统规划要求的最大通流容量考虑。

7.3.5　避雷器设置

本通用设计按以下原则设置避雷器，实际工程避雷器设置根据雷电侵入波过电压计算确定。

（1）户外 GIS 配电装置架空进出线均装设避雷器，GIS 母线不设避雷器。

（2）户内 GIS 配电装置架空出线装设避雷器。三卷变高中压侧或两卷变高低压侧进线不设避雷器，自耦变进线设避雷器。GIS 母线一般不设避雷器。

（3）户内 GIS 配电装置全部出线间隔均采用电缆连接时，仅设置母线避雷器。电缆与 GIS 连接处不设避雷器，电缆与架空线连接处设置避雷器。

（4）HGIS 配电装置架空出线均装设避雷器。三卷变高中压侧或两卷变高低压侧进线不设避雷器，自耦变进线设避雷器。HGIS 母线是否装设避雷器需根据计算确定。

（5）柱式或罐式断路器配电装置出线一般不装设避雷器，母线装设避雷器。三卷变高中压侧或两卷变高低压侧进线不设避雷器；自耦变进线设避雷器。

（6）GIS、HGIS 配电装置架空出线时出线侧避雷器宜外置。

7.3.6 电气总平面布置

电气总平面应根据电气主接线和线路出线方向,合理布置各电压等级配电装置的位置,确保各电压等级线路出线顺畅,避免同电压等级的线路交叉,同时避免或减少不同电压等级的线路交叉。必要时,需对电气主接线做进一步调整和优化。电气总平面布置还应考虑本、远期结合,以减少扩建工程量和停电时间。

各电压等级配电装置的布置位置应合理,并因地制宜地采取必要措施,以减少变电站占地面积。配电装置应尽量不堵死扩建的可能。

结合站址地质条件,可适当调整电气总平面的布置方位,以减少土石方工程量。

电气总平面的布置应考虑机械化施工的要求,满足电气设备的安装、试验、检修起吊、运行巡视以及气体回收装置所需的空间和通道。

7.3.7 配电装置

1. 配电装置总体布局原则

(1) 配电装置布局应紧凑合理,主要电气设备、装配式建(构)筑物的布置应便于安装、扩建、运维、检修及试验工作,并且需满足消防要求。

(2) 配电装置可结合装配式建筑的应用进一步合理优化,但电气设备与建(构)筑物之间电气尺寸应满足 DL/T 5352—2018《高压配电装置设计技术规程》的要求,且布置场地不应限制主流生产厂家。

(3) 户内配电装置布置在装配式建筑内时,应考虑其安装、试验、检修、起吊、运行巡视以及气体回收装置所需的空间和通道。

(4) GIS 出线侧电压互感器三相配置时宜内置。

2. 站址环境条件和地质条件对配电装置选择的影响

应根据站址环境条件和地质条件选择配电装置。对于人口密度高、土地昂贵地区,或受外界条件限制、站址选择困难地区,或复杂地质条件、高差较大的地区,或高地震烈度、高海拔、高寒和严重污染等特殊环境条件地区宜采用 GIS、HGIS 配电装置。位于城市中心的变电站宜采用户内 GIS 配电装置。对人口密度不高、土地资源相对丰富、站址环境条件较好地区,宜采用户外敞开式配电装置。

3. 各级电压等级配电装置

110kV 配电装置采用户内 GIS、户外 GIS、柱式断路器、罐式断路器配电装置;66kV 配电装置采用户内 GIS、户外 HGIS、罐式断路器配电装置;35(10)kV 配电装置采用户内开关柜配电装置。各级电压等级配电装置具体布置参数及原则如下。

(1) 110(66)kV 配电装置。

110(66)kV 户外柱式断路器配电装置宜采用支持管型母线或软母线分相中型布置;110(66)kV 罐式断路器配电装置宜采用支持管型母线或悬吊管型母线分相中型布置;110(66)kV 户外 HGIS 配电装置宜采用支持管型母线或悬吊管型母线分相中型布置。110(66)kV 户外配电装置布置尺寸一览表(海拔 1000.00m)见表 7-1、表 7-2。

110(66)kV 户内 GIS 间隔宽度宜选用 1m。厂房高度按吊装元件考虑,最大起吊重量不大于 3t,室内净高不小于 6.5m。户内 GIS 配电装置架空进、出线间隔宽度按两间隔共一跨,取 15m。

表 7 - 1　　　　　　　　　　　110kV 户外配电装置布置尺寸一览表（海拔 1000.00m）　　　　　　　　　　　单位：m

构架尺寸	配 电 装 置			构架尺寸	配 电 装 置		
	户外 GIS	柱式	罐式		户外 GIS	柱式	罐式
间隔宽度	8/15（单回/双回出线）	8	8	相-构架柱中心距离	1.8/1.6（单回/双回出线）	1.8	1.8
出线挂点高度	10	10	12（悬吊式管型母线）	母线相间距离	—	1.6/2.2（软母线）	1.6
出线相间距离	2.2	2.2	2.2	母线高度	—	—	—

表 7 - 2　　　　　　　　　　　66kV 户外配电装置布置尺寸一览表（海拔 1000.00m）　　　　　　　　　　　单位：m

构 架 尺 寸	配 电 装 置		构 架 尺 寸	配 电 装 置	
	HGIS	罐式		HGIS	罐式
间隔宽度	6.5/12.5（单回/双回出线）	6.5	相-构架柱中心距离	1.65	1.65
出线挂点高度	10.5	8.5	母线相间距离	1.6	1.6
出线相间距离	1.6	1.6	母线高度	6.2	6.0

（2）35(10)kV 配电装置。

35kV 配电装置宜采用户内开关柜。根据布置形式（单列或双列）以及开关柜所在建筑的不同形制（独立单层建筑或多层联合建筑），配电装置室尺寸见表 7 - 3。

表 7 - 3　　　　　　　　　　35(10)kV 户内开关柜配电装置布置尺寸一览表（海拔 1000.00m）　　　　　　　　　单位：m

构 架 尺 寸	配 电 装 置		构 架 尺 寸	配 电 装 置	
	35kV 开关柜	10kV 开关柜		35kV 开关柜	10kV 开关柜
间隔宽度	1.4/1.2	1.0/0.8	柜后[2]	≥1.0	≥1.0
柜前（单列/双列）[1]	≥2.4/≥3.2	≥2.0/≥2.5	建筑净高	≥4.0	≥3.6

[1]　多层建筑受相关楼层约束时根据具体方案确定；
[2]　当柜后设高压电缆沟时，柜后空间距离按实际确定。

7.3.8　站用电

全站配置 2 台站用变压器，每台站用变压器容量按全站计算负荷选择；当全站只有 1 台主变压器时，其中 1 台站用变压器的电源宜从站外非本站供电线路引接。站用变压器容量根据主变压器容量和台数、配电装置形式和规模、建筑通风采暖方式等不同情况计算确定，寒冷地区需考虑户外设备或建筑室内电热负荷。通用设计较为典型的容量为 400kVA、630kVA、800kVA，实际工程需具体核算。

站用电低压系统应采用 TN 系统。系统标称电压 380/220V。站用电母线采用按工作变压器划分的单母线接线，相邻两段工作母线同时供电分列运行。

站用电源采用交直流一体化电源系统。

7.3.9 电缆

电缆选择及敷设按照 GB 50217—2018《电力工程电缆设计标准》进行，并需符合 GB 50229—2019《火力发电厂与变电站设计防火标注》、DL 5027—2015《电力设备典型消防规程》有关防火要求。

高压电气设备本体与汇控柜或智控柜之间宜采用标准预制电缆联接。变电站线缆选择宜视条件采用单端或双端预制型式。变电站火灾自动报警系统的供电线路、消防联动控制线路应采用耐火铜芯电钱电缆。其余线缆采用阻燃电缆，阻燃等级不低于 C 级。

宜优化线缆敷设通道设计，户外配电装置区不宜设置间隔内小支沟。在满足线缆敷设容量要求的前提下，户外配电装置场地线缆敷设主通道可采用电缆沟或地面槽盒；GIS 室内电缆通道宜采用浅槽或槽盒。高压配电装置需合理设置电缆出线间隔位置，使之尽可能与站外线路接引位置良好匹配，减少电缆迂回或交叉。同一变电站应尽量减少电缆沟宽度型号种类。结合电缆沟敷设断面设计规范要求，较为推荐的电缆沟宽度为 800mm、1100mm、1400mm 等。电缆沟内宜采用复合材料支架或镀锌钢支架。

户内变电站当高压电缆进出线较多，或集中布置的二次盘柜较多时可设置电缆夹层。电缆夹层层高需满足高压电缆转弯半径要求以及人行通道要求，支架托臂上可设置二次线缆防火槽盒或封闭式防火桥架。二次设备室位于建筑一层时，宜设置电缆沟；位于建筑二层及以上时，宜设置架空活动地板层。

当电力电缆与控制电缆或通信电缆敷设在同一电缆沟或电缆隧道内时，宜采用防火隔板或防火槽盒进行分隔。下列场所（包括：①消防、报警、应急照明、断路器操作直流电源等重要回路；②计算机监控、双重化继电保护、应急电源等双回路合用同一通道未相互隔离时的其中一个回路）明敷的电缆应采用防火隔板或防火槽盒进行分隔。

7.3.10 接地

主接地网采用水平接地体为主，垂直接地体为辅的复合接地网，接地网工频接地电阻设计值应满足 GB/T 50065—2011《交流电气装置的接地设计规范》要求。

户外站主接地网宜选用热镀锌扁钢，对于土壤碱性腐蚀较严重的地区宜选用铜质接地材料。户内变主接地网设计考虑后期开挖困难，宜采用铜质接地材料；对于土壤酸性腐蚀较严重的地区，需经济技术比较后确定设计方案。

7.3.11 照明

变电站内设置正常工作照明和疏散应急照明。正常工作照明采用 380/220V 三相五线制，由站用电源供电。应急照明采用逆变电源供电。

户外配电装置场地宜采用节能型投光灯；户内 GIS 配电装置室采用节能型泛光灯；其他室内照明光源宜采用 LED 灯。

7.4 二次系统

7.4.1 系统继电保护及安全自动装置

7.4.1.1 110kV 线路保护

（1）110kV 线路不配置线路保护。转供线路、环网线及电厂并网线较短时可配置 1 套纵联保护（线路保护为纵联保护时，保护通道型式根据实际工程系统通信方案确定）。

（2）线路保护直接采样、直接跳闸。

（3）线路保护采用保护测控集成装置。

7.4.1.2 110kV 内桥保护

（1）110kV 内桥配置 1 套充电保护，1 套备自投装置。

（2）内桥保护直接采样、直接跳闸。

（3）内桥保护采用保护测控集成装置，安装于 110kV 桥智能控制柜。

7.4.1.3 110kV 母线

不配置母线保护装置。

7.4.1.4 故障录波装置

配置 2 台故障录波装置，组屏 1 面。

7.4.2 调度自动化

7.4.2.1 调度管理关系及远动信息传输原则

调度管理关系宜根据电力系统概况、调度管理范围划分原则和调度自动化系统现状确定。远动信息传输原则宜根据调度管理关系确定。

7.4.2.2 远动设备配置

（1）站内划分安全Ⅰ、Ⅱ区（如站内设置安全Ⅰ、Ⅱ区），安全Ⅰ区设备与安全Ⅱ区设备之间设置防火墙。Ⅰ区数据通信网关机以直采直送方式向调度端传送站内实时信息；Ⅱ区数据通信网关机通过以直采直送方式向调度端传送站内保护、录波等非实时信息，为调度端提供告警直传、远程浏览和调阅服务等。

（2）Ⅰ区数据通信网关机双重化配置，Ⅱ区数据通信网关机单套配置。

（3）远动通信设备实现与相关调度中心等主站端的数据通信，并满足相关规约要求。

7.4.2.3 远动信息采集

（1）本站远动信息采集根据 DL/T 5003—2017《电力系统调度自动化设计技术规程》进行本期工程的调度自动化信息设计。

（2）遥测量包括主变间隔、110kV 间隔等的电流、电压、有功功率、无功功率、功率因数、有功电度等参量。

（3）遥信量包括主变间隔、110kV 间隔等的断路器/刀闸位置、保护动作、装置自检等信号。

（4）遥控量包括变电站内所有断路器/刀闸分、合闸遥控，主变压器有载调压开关档位等。

7.4.2.4 远动信息传送

（1）远动信息采取"直采直送"原则，直接从测控单元获取远动信息并向调度端传送。远动系统与变电站其他自动化系统共享信息，不重复采集。

（2）远动通信设备应能实现与相关调控中心的数据通信，宜采用双平面电力调度数据网络方式的方式。网络通信采用 DL/T 634.5104—2009《远动设备及系统 第 5-104 部分：传输规约 采用标准传输协议集的 IEC 60870-5-101 网络访问》规约。

（3）远动信息内容应满足 DL/T 5003—2017《电力系统调度自动化设计技术规程》、Q/GDW 10678—2018《智能变电站一体化监控系统技术规范》、Q/GDW 11398—2015《变电站设备监控信息规范》和相关调度端、无人值班远方监控中心对变电站的监控要求。

7.4.2.5 电能量计量系统

（1）站内设置 1 套电能量计量系统，包括电能计量装置和电能量采集终端等。

（2）站内无关口计费点。

（3）主变压器各侧考核计量点配置独立电能表，主变电能表单独组屏。110kV 线路配置独立电能表，安装在 110kV 线路智能控制柜上。10kV 线路、无功补偿、接地变配置独立的常规智能电能表，安装于开关柜中。

（4）电能量采集终端采用串口及网络方式采集电能量信息。

（5）电能量采集终端宜通过电力调度数据网与电能量计量主站系统通信，电能量采集终端应支持 DL/T 860《变电站通信网络的系统》规约。

7.4.2.6 调度数据网络及安全防护装置

（1）调度数据网应配置双平面调度数据网络设备，含相应的调度数据网络交换机及路由器。配置 2 套调度数据网络设备，共包含 2 台路由器和 4 台交换机。

（2）接入业务包括远动信息、电能量信息、保护及故障录波信息等。针对不同的业务类型，在交换机上划分不同的 VPN。

（3）安全Ⅰ区设备与安全Ⅱ区设备之间通信可设置防火墙；监控系统通过正反向隔离装置向Ⅲ/Ⅳ区数据通信网关机传送数据，实现与其他主站的信息传输；监控系统与远方调度（调控）中心进行数据通信应设置纵向加密认证装置。

7.4.3 系统及站内通信

7.4.3.1 光纤系统通信

光纤通信电路的设计，应结合通信网现状、工程实际业务需求以及各网省公司通信网规划进行。

（1）光缆类型以 OPGW 为主，光缆纤芯类型宜采用 G.652 光纤。110kV 线路光缆纤芯数宜不低于 48 芯。

（2）宜随新建 110kV 电力线路建设光缆，满足 110kV 变电站至相关调度单位至少具备 2 条独立光缆通道的要求。

（3）110kV 变电站应按调度关系及地区通信网络规划要求建设相应的光传输系统。

（4）110kV 变电站应至少配置 2 套光传输设备，接入相应的光传输网。

7.4.3.2　站内通信

（1）110kV 变电站可不设置程控调度交换机。变电站调度及行政电话由采用 IAD 方式解决，可根据实际情况安装 1 路市话作为备用。

（2）110kV 变电站应根据需求配置 1 套数据通信网设备。数据通信网设备宜采用 2 条独立的上联链路与网络中就近的两个汇聚节点互联。

（3）110kV 变电站通信电源宜由站内一体化电源系统实现。宜配置 1 套独立的 DC/DC 转换装置，采用高频开关模块型，$N+1$ 冗余配置。

（4）110kV 变电站通信设备宜与二次设备统一布置。

7.4.4　变电站自动化系统

7.4.4.1　主要设计原则

（1）变电站自动化系统的配置及功能按无人值守模式设计。

（2）采用开放式分层分布式树形网络结构，由站控层、间隔层、过程层以及网络设备构成。站控层设备按变电站远景规模配置，间隔层、过程层设备按工程实际规模配置。

（3）站内监控保护统一建模，统一组网，信息共享，通信规约统一采用 DL/T 860《变电站通信网络和系统》，实现站控层、间隔层、过程层二次设备互操作。

（4）站内信息具有共享性和唯一性，变电站自动化系统监控主机与远动数据传输设备信息资源共享。

（5）站内具备时间同步系统管理功能。

7.4.4.2　监控范围及功能

变电站自动化系统设备配置和功能要求按无人值班设计，采用开放式分层分布式网络结构，通信规约统一采用 DL/T 860《变电站通信网络和系统》。监控范围及功能满足 Q/GDW 10678—2018《智能变电站一体化监控系统技术规范》的要求。

监控系统主机应采用 Linux 操作系统或同等的安全操作系统。

自动化系统实现对变电站可靠、合理、完善的监视、测量、控制、断路器合闸同期等功能，并具备遥测、遥信、遥调、遥控全部的远动功能和时钟同步功能，具有与调度通信中心交换信息的能力，具体功能宜包括信号采集、"五防"闭锁、顺序控制、远端维护、顺序控制、一件顺控、智能告警等功能。

7.4.4.3　系统网络

1. 站控层网络

站控层设备与间隔层设备之间组建双以太网络，配置站控层交换机，按设备室或按电压等级配置间隔层交换机。

2. 过程层网络

（1）110kV 间隔内设备过程层 GOOSE 报文、SV 报文采用点对点方式传输。

（2）集中设置 1 台过程层中心交换机，用于传输故障录波、网络分析所需 SV 报文和 GOOSE 报文。

（3）35kV、10kV 不设置过程层网络，GOOSE 报文通过站控层网络传输。

3. 数据传输要求

（1）站控层交换机采用百兆电口，站控层交换机之间的级联端口采用百兆电口。

(2) 对于采样值传输，每个交换机端口与装置、交换机级联端口之间的流量不大于端口速率的 40%。

7.4.4.4 接口要求

微机保护装置、一体化电源系统、智能辅助控制系统等与计算机监控系统之间采用 DL/T 860《变电站通信网络和系统》通信标准通信。

7.4.4.5 设备配置

1. 站控层设备配置

(1) 2 台监控主机，监控主机兼操作员、工程师工作站、数据服务器。

(2) 综合应用服务器 1 台。

(3) 数据通信网关机：Ⅰ区数据通信网关机（集成图形网关功能）2 台，Ⅱ区数据通信网关机 2 台。Ⅲ/Ⅳ区数据通信网关机 1 台。

(4) 智能防误主机 1 台。

(5) 设置网络打印机 1 台。

2. 间隔层设备配置

间隔层包括继电保护、安全自动装置、测控装置、故障录波系统、网络记录分析系统、计量装置等设备。

(1) 主变压器各侧及本体测控装置单套配置；110kV 线路测控装置单套配置，110kV 内桥采用保护测控集成装置，单套配置。

(2) 35kV、10kV 间隔采用保护测控集成装置。

(3) 配置 1 套网络记录分析装置。网络记录分析装置记录所有过程层 GOOSE 报文、SV 报文、站控层 MMS 报文。

3. 过程层设备配置

110kV 线路、内桥智能终端合并单元集成装置双套配置；主变 110kV、10kV 侧进线智能终端合并单元集成装置双套配置。110kV 母线设备、主变本体采用智能终端与合并单元分开配置方案，110kV 母线合并单元、智能终端单套配置，主变本体合并单元双套配置，主变本体智能终端单套配置。

4. 网络通信设备

网络通信设备包括网络交换机、接口设备和网络连接线、电缆、光缆及网络安全设备等。

(1) 站控层交换机。站控层网络宜按二次设备室和按电压等级配置站控层交换机，站控层交换机电口、光口数量根据实际要求配置。

(2) 过程层交换机。

1) 110kV 系统本期及远景配置 1 台过程层中心交换机（16 光口）和 4 台过程层交换机（16 光口）。

2) 每台交换机的光纤接入数量不宜超过 24 对，每个虚拟网均应预留至少 2 个备用端口。任意两台智能电子设备之间的数据传输路由不应超过 4 台交换机。

7.4.5 元件保护

7.4.5.1 110kV 主变压器保护

(1) 每台主变压器电量保护双套配置，每套保护含完整的主、后备保护功能，两套保护组 1 面柜。

(2) 每台主变压器非电量保护单套配置，与本体智能终端装置集成。

（3）变压器电量保护直接采样，直接跳各侧断路器；变压器保护跳分段断路器及闭锁备自投等采用 GOOSE 网络传输。

（4）变压器非电量保护采用就地直接电缆跳闸，信息通过本体智能终端上送。

7.4.5.2 35(10)kV 线路、站用变压器、电容器、电抗器保护

35(10)kV 线路、站用变压器、电容器、电抗器保护宜按间隔单套配置，采用保护测控集成装置。

7.4.6 直流系统及不间断电源

7.4.6.1 系统组成

站用交直流一体化电源系统由站用交流电源（一次计列）、直流电源、交流不间断电源（UPS）、直流变换电源（DC/DC）等装置组成，并统一监视控制，共享直流电源的蓄电池组。站用交直流一体化电源系统结构如图 7-1 所示。

7.4.6.2 直流电源

1. 直流系统电压

站内操作电源额定电压采用 220V，通信电源额定电压—48V。

2. 蓄电池型式、容量及组数

蓄电池容量及通信负荷按 2h 事故放电时间计算。装设 1 组阀控式密封铅酸蓄电池，容量为 400Ah。

3. 充电装置台数及型式

配置 1 套高频开关充电装置，模块数按（5＋1）×20A 配置。

4. 直流系统接线方式

直流系统采用单母线接线。

蓄电池设置专用的试验放电回路。试验放电设备经隔离和保护电器直接与蓄电池组出口回路并接。

5. 直流系统供电方式

直流系统采用辐射型供电，110kV 及主变压器各侧直流电源取自直流馈线柜，35kV、10kV 开关柜按段设置直流电源小母线。

智能控制柜以柜为单位配置 1～2 路直流电源，柜内各装置共用直流电源，采用独立空开分别引接。

6. 直流系统设备布置

直流系统配置 1 面直流充电柜、2 面直流馈线柜，布置于二次设备室内。设独立蓄电池室 1 间。

7. 其他设备配置

每套充电装置配置一套微机监控单元，蓄电池配置一套蓄电池巡检仪，直流馈线柜和分电柜上配置直流绝缘监察装置，通过 DL/T 860《变电站通信网络和系统》通信规约将信息上传至一体化电源系统的总监控装置。

7.4.6.3 交流不停电电源系统

站内配置 1 套交流不停电电源系统（UPS），主机采用单套配置方式，参考容量为 7.5kVA。

UPS 为静态整流、逆变装置，单相输出，配电柜馈线采用辐射状供电方式。

图 7-1 站用交直流一体化电源系统结构图

7.4.6.4 直流变换电源装置

通信电源采用直流变换电源（DC/DC）装置供电。

站内配置 1 套 DC/DC 装置，采用高频开关模块型，（3+1）×40A 冗余配置。

7.4.6.5 站用交直流一体化电源系统总监控装置

站用交直流一体化电源系统总监控装置作为集中监控管理单元，同时监控站用交流电源、直流电源、交流不间断电源（UPS）和直流变换电源（DC/DC）等设备。对上通过 DL/T 860《变电站通信网络和系统》与变电站站控层设备连接，实现对一体化电源系统的远程监控维护管理。对下通过总线或 DL/T 860《变电站通信网络和系统》与各子电源监控单元通信，各子电源监控单元与成套装置中各监控模块通信。

7.4.7 时间同步系统

（1）站内配置 1 套时间同步系统，由主时钟和时钟扩展装置组成。主时钟双重化配置，支持北斗导航系统（BD）、全球定位系统（GPS）和地面授时信号，优先采用北斗导航系统。站控层设备采用 SNTP 对时方式，间隔层设备采用 IRIG-B、脉冲等对时方式，过程层设备采用光 B 码对时方式。精度满足全站二次设备对时要求。

（2）时间同步系统对时或同步范围包括监控系统站控层设备、保护装置、测控装置、故障录波装置、故障测距、相量测量装置、合并单元及站内其他智能设备等。

（3）站控层设备宜采用 SNTP 对时方式。间隔层、过程层设备宜采用 IRIG-B 对时方式，条件具备时也可采用 IEC 61588 网络对时方式。

7.4.8 一次设备状态监测系统

变电设备状态监测系统宜由传感器、状态监测 IED 构成，后台系统应按变电站对象配置，全站应共用统一的后台系统，功能由综合应用服务器实现。

7.4.9 辅助控制系统

7.4.9.1 系统结构

站内配置 1 套智能辅助控制系统，由图像监视及安全警卫子系统、火灾报警子系统、环境监测子系统等组成。智能辅助控制系统不配置独立后台系统，利用综合应用服务器（视频服务器）实现智能辅助控制系统的数据分类存储分析、智能联动功能。

7.4.9.2 图像监视及安全警卫子系统

图像监视及安全警卫子系统设备包括视频服务器、多画面分割器、录像设备、摄像机、编码器及沿变电站围墙四周设置的电子围栏等。视频服务器等后台设备按全站最终规模配置，并留有远方监视的接口。就地摄像头按本期建设规模配置。其功能按满足安全防范要求配置，不考虑对设备运行状态进行监视。

站内配电装置区、主要设备室的摄像头的配置方案详见表 7-4。

表 7 - 4　　　　　　　　　　　　　　　　　视频安全监视系统配置一览表

序 号	安 装 地 点	数 量	序 号	安 装 地 点	数 量
1	主变压器区	每台主变压器配置 1 台	6	全景	配置 1 台
2	110kV 配电装置区	GIS 设备：配置 2 台	7	周界	每个围墙边角配置 1 台
3	35kV 配电装置室	配置 2 台	8	高压脉冲电子围栏	根据围墙边界进行防区划分
4	10kV 配电装置室	配置 2 台	9	红外对射装置	大门上方装设 1 对
5	二次设备室	配置 2 台	10	门禁装置	变电站进站大门设置

7.4.9.3　火灾报警子系统

火灾报警子系统由火灾报警控制器、探测器、控制模块、地址模块、信号模块、手动报警按钮等组成。

火灾探测区域按独立房（套）间划分。火灾探测区域有：35kV 配电装置室、10kV 配电装置室等。火灾报警控制器设置在靠近大门的房间入口处。

火灾报警系统与通风系统进行联动。

7.4.9.4　环境监测子系统

环境监测子系统由环境数据采集单元、温度传感器、湿度传感器、水浸传感器等组成。配置如下：

（1）二次设备室、配电装置室等重要设备间各配置 1 套温度传感器、湿度传感器。

（2）电缆沟等电缆集中区域配置水浸传感器。

7.4.9.5　联动控制

（1）通过和其他辅助子系统的通信，实现用户自定义的设备联动，包括消防、环境监测、报警等相关设备联动。

（2）在夜间或照明不良情况下，需要启动摄像头摄像时，联动辅助灯光、开启照明灯。

（3）发生火灾时，联动报警设备所在区域的摄像机跟踪拍摄火灾情况、自动解锁房间门禁、自动切断风机电源、空调电源。

（4）发生非法入侵时，联动报警设备所在区域的摄像机。

（5）发生水浸时，自动启动相应的水泵排水。

（6）通过对室内环境温度、湿度的实时采集，自动启动或关闭通风系统。

7.4.10　二次设备模块化设计

7.4.10.1　二次设备模块化设置原则

二次设备设置如下模块：

（1）站控层设备模块：包含监控系统站控层设备、调度数据网络设备、二次系统安全防护设备等。

（2）公用设备模块：包含公用测控装置、时钟同步系统、网络记录分析装置、故障录波装置、辅助控制系统等。

（3）通信设备模块：包含光纤系统通信设备、站内通信设备等。

（4）直流电源系统模块：包含直流电源、交流不间断电源（UPS）、逆变电源（INV，可选）、直流变换电源（DC/DC）、蓄电池等。

（5）主变间隔层设备模块：包含主变压器保护装置、主变测控装置、电能表等。

7.4.10.2 二次设备组柜原则

1. 站控层设备组柜方案

1）2台监控主机（兼操作员、工程师工作站、数据服务器功能）组1面柜。

2）Ⅰ区数据通信网关机（兼图形网关机）组1面柜。

3）Ⅱ区、Ⅲ/Ⅳ区数据通信网关机组1面柜。

4）调度数据网设备、二次系统安全防护设备组2面柜。

5）综合应用服务器、硬件防火墙组1面柜。

6）智能防误主机组1面柜。

2. 间隔层设备组柜方案

（1）公用设备。

1）公用测控装置与110kV母线测控装置、110kV间隔层交换机合组1面柜。

2）网络记录单元和分析单元与过程层中心交换机合组1面柜。

3）时钟同步系统主时钟及扩展时钟装置组1面柜。

4）智能辅助控制系统组1面柜。

5）故障录波器2台组1面柜。

（2）110kV线路。110kV线路测控装置布置于智能控制柜内。

（3）110kV内桥。110kV内桥保护测控装置、110kV备自投装置布置于智能控制柜内。

（4）主变。

1）主变压器保护及测控：

电量保护：主变保护1和主变保护2合组1面柜。

主变测控：主变各侧测控装置合组1面柜。

本期1号、2号主变各组2面柜，远景3号主变再组2面柜。

非电量保护与本体智能终端集成，下放布置于主变本体智能控制柜内。

2）电能表柜：

2回110kV线路电能表共2块，安装在110kV线路智能控制柜。

1号、2号主变的高、中、低压侧电能表共6只，与电能数据采集终端合组1面柜。

（5）35kV、10 kV保护测控集成装置。装置分散就地布置于开关柜。

3. 过程层设备组柜方案

(1) 110kV 侧合并单元智能终端集成装置布置于智能控制柜内。

(2) 主变 35kV、10kV 侧合并单元智能终端集成装置布置于开关柜内。

4. 网络设备组柜方案

(1) 站控层不单独设置网络交换机柜，站控层 Ⅰ、Ⅱ 区交换机与数据网关机共同组柜。

(2) 过程层中心交换机与网络分析记录装置共同组柜。

(3) 35kV、10kV 站控层交换机分散布置在各母线设备开关柜上。

5. 其他二次系统组柜组柜方案

(1) 通信设备组 9 面柜。

(2) 交、直流一体化电源设备组 8 面柜，包括交流屏 3 面、直流屏 3 面、UPS 电源屏 1 面、通信电源屏 1 面。

(3) 智能辅助控制系统主机组 1 面柜。

(4) 预留屏柜。二次设备室内预留 2～3 面屏柜。

7.4.10.3　柜体统一要求

1. 二次设备室内二次设备柜体要求

(1) 间隔层二次设备、通信设备及直流设备等二次设备屏柜采用 2260mm×800mm×600mm（高×宽×深）屏柜；站控层主机及服务器柜采用 2260mm×800mm×900mm（高×宽×深）屏柜。

(2) 二次设备柜体颜色统一。

(3) 二次设备柜采用前接线、前显示式装置，二次设备柜采用双列靠墙布置，屏正面开门，屏后面不开门。

2. 预制式智能控制柜要求

(1) 智能控制柜尺寸为 800mm×800mm（宽×深），柜体颜色统一。

(2) 智能控制柜与 GIS 设备统一布置在槽钢上，净距满足 800～1200mm 的要求。

(3) 智能控制柜采用双层不锈钢结构，内层密闭，夹层通风，柜体的防护等级达到 IP55。

(4) 智能控制柜设置散热和加热除湿装置，在温湿度传感器达到预设条件时启动。

(5) 智能控制柜内部的环境满足智能终端等二次元件的长年正常工作温度、电磁干扰、防水防尘条件，不影响其运行寿命。

7.4.11　互感器二次参数要求

1. 电流互感器

全站 110kV、主变压器各侧及 35kV、10kV 均采用常规电流互感器，其二次参数详见表 7-5。

2. 电压互感器

110kV、35kV、10kV 母线均采用常规电压互感器，其二次参数详见表 7-6。

表 7-5		电流互感器二次参数一览表

项 目	电 压 等 级	
	110kV	35/10kV
主接线	内桥	单母线分段
台数	3台/间隔	3台/间隔
二次额定电流	1A	1A
准确级	主变压器进线：5P/0.2S； 出线、内桥：5P/5P/0.2S/0.2S； 测、计量级带中间抽头	出线、分段、电容器及接地变：5P/0.2/0.2S； 主变进线：5P/5P/0.2S/0.2S； 主变中性点绕组：10P/10P； 主变中性点间隙零序绕组：10P/10P； 测量级带中间抽头
二次绕组数	主变压器进线：2 出线、内桥：4	出线、电容器、接地变、分段：3 主变压器进线：4 主变高压侧中性点、间隙：2
二次绕组容量	计量绕组5VA，其余绕组15VA	计量绕组5VA，其余绕组15VA

表 7-6		电压互感器二次参数一览表

项 目	电 压 等 级	
	110kV	35/10kV
主接线	单母线分段	单母线分段
数量	母线、线路、主变侧：三相	母线：三相
准确级	母线、线路、主变侧：0.2/0.5(3P)/ 0.5(3P)/3P	母线：0.2/0.5(3P)/0.5(3P) /3P
额定变比	母线、线路、主变侧： $\dfrac{110}{\sqrt{3}}\bigg/\dfrac{0.1}{\sqrt{3}}\bigg/\dfrac{0.1}{\sqrt{3}}\bigg/\dfrac{0.1}{\sqrt{3}}\bigg/0.1kV$	母线： $\dfrac{10}{\sqrt{3}}\bigg/\dfrac{0.1}{\sqrt{3}}\bigg/\dfrac{0.1}{\sqrt{3}}\bigg/\dfrac{0.1}{\sqrt{3}}\bigg/\dfrac{0.1}{3}kV$
二次绕组数	母线、线路、主变侧：4	母线：4
二次绕组容量	母线、线路、主变侧：每个绕组10VA	每个绕组50VA

7.4.12 光/电缆选择

采用预制线缆实现一次设备与二次设备、二次设备间的光缆、电缆标准化连接，提高二次线缆施工的工艺质量和建设效率。

预制线缆应用如下：

1. 预制光缆

（1）户内至户外智能控制柜采用双端预制光缆，实现光缆即插即用。

预制光缆选用铠装、阻燃型，自带高密度连接器或分支器。光缆芯数选用8芯、12芯、24芯，每根光缆备用2～4芯。

（2）二次设备室内不同屏柜间二次装置连接采用尾缆，尾缆采用4芯、8芯、12芯规格。柜内二次装置间连接采用跳线，柜内跳线采用单芯或多芯跳线。

（3）除线路保护通道专用光纤外，采用缓变型多模光纤；室外光缆采用非金属加强芯阻燃光缆，采用槽盒敷设方式。

（4）就地控制柜至二次设备室之间的光缆按间隔、按保护双套原则进行光缆的整合，就地控制柜至对时等公用设备的光缆不单独设置。

（5）统一变电站光纤配线箱类型，光纤配线箱光纤接口为12芯、24芯时，采用1U、2U箱体。

2. 预制电缆

（1）主变压器、GIS本体与智能控制柜之间二次控制电缆采用预制电缆连接，采用双端预制、槽盒敷设方式。当电缆采用穿管敷设时，采用单端预制电缆，预制端设置在智能控制柜侧。预制电缆采用双端预制且为穿管敷设方式下，选用高密度连接器。

（2）电流、电压互感器与智能控制柜之间控制电缆、交直流电源电缆不采用预制电缆。

（3）选用圆形航空插头、采用水平安装方式、采用多股软导线。

7.4.13　二次设备的接地、防雷、抗干扰

（1）选用抗干扰水平符合 GB/T 14285—2006《继电保护和安全自动装置技术规程》、Q/GDW 441—2010《智能变电站继电保护技术规范》要求的继电保护、测控及通信设备。

（2）自动化系统站控层网络通向户外的通信介质采用光缆，过程层网络、采样值传输采用光缆，能有效地防止电磁干扰入侵。

（3）二次设备室内部的信息连接回路采用屏蔽电缆或屏蔽双绞线。

（4）双套保护配置的保护装置的采样、起动和跳闸回路均使用各自独立的光/电缆。

（5）在二次设备室内，沿屏（柜）布置方向敷设截面不小于 $100mm^2$ 的专用接地铜排，并首末端联接后构成室内等电位接地网。室内等电位接地网必须用 4 根以上、截面不小于 $50mm^2$ 的铜排（缆）与变电站的主接地网可靠接地。

（6）控制电缆选用屏蔽电缆，屏蔽层两端可靠接地。

（7）合理规划二次电缆的敷设路径，尽可能离开高压母线、避雷器和避雷针的接地点、并联电容器、电容式电压互感器（CVT）、结合电容及电容式套管等设备，避免和减少迂回，缩短二次电缆的长度。

7.5　土建部分

7.5.1　站址基本条件

海拔小于 1000m，设计基本地震加速度 0.10g，设计风速不大于 30m/s，天然地基、地基承载力特征值 $f_{ak}＝150kPa$，无地下水影响，场地同一设计标高。

7.5.2　总布置

7.5.2.1　总平面布置

变电站的总平面布置应根据生产工艺、运输、防火、防爆、保护和施工等方面的要求，按远期规模对站区的建构筑物、管线及道路进行统筹安排，工艺流畅。

7.5.2.2　站内道路

站内道路宜采用环形道路，也可结合市政道路形成环形路；当环道布置有困难时，可设回车场（不小于 12m×12m）或 T 型回车道。变电站大门宜面向站内主变压器运输道路。

变电站大门及道路的设置应满足主变压器、大型装配式预制件、预制舱式二次组合设备等整体运输的要求。

站内主变压器运输道路及消防道路宽度为 4m、转弯半径不小于 9m；其他道路宽度为 3m、转弯半径 7m。

消防道路路边至建筑物（长/短边）外墙之间距不宜小于 5m。道路外边缘距离围墙轴线距离为 1.5m。

站内道路宜采用公路型道路，湿陷性黄土地区、膨胀土地区宜采用城市型道路，可采用混凝土路面或其他路面。采用公路型道路时，路面宜高于场

地设计标高 100mm。

7.5.2.3 场地处理

户外配电装置场地宜采用碎石地坪，湿陷性黄土地区应设置灰土封闭层。缺少碎石或卵石及雨水充沛地区可简单绿化，但不应设置管网等绿化给水设施。

7.5.3 装配式建筑

7.5.3.1 建筑

（1）建筑应严格按工业建筑标准设计，风格统一、造型协调、方便生产运行，并做好建筑"四节（节能、节地、节水、节材）一环保"工作。建筑材料选用因地制宜，选择节能、环保、经济、合理的材料。

变电站内建筑物名称和房间名称应统一。

半户内变电站设两幢配电装置楼，设置独立的警卫室。

（2）建筑物按无人值守运行设计，仅设置生产用房及辅助生产用房。

半户内变电站变压器、散热器设置于户外，配电装置楼地上一层，设置有 10kV 配电装置室、GIS 室、二次设备室、蓄电池室、资料室、安全工具室。

警卫室设置有：警卫室、保电值班室、备餐间、卫生间。

消防泵房设置有：地上为消防泵房，地下为消防水池。

（3）建筑物体型应紧凑、规整，在满足工艺要求和总布置的前提下，优先布置成单层建筑；外立面及色彩与周围环境相协调。对于严寒地区，建筑物屋面宜采用坡屋面。

（4）外墙板。应选用节能环保、经济合理的材料；应满足保温、隔热、防水、防火、强度及稳定性要求。墙板尺寸应根据建筑外形进行排版设计，减少墙板长度和宽度种类，在满足荷载及温度作用的前提下，结合生产、运输、安装等因素确定，避免现场裁剪、开洞；采用工业化生产的成品，减少现场叠装，避免现场涂刷，便于安装。外围护墙体开孔应提前在工厂完成，并做好切口保护，避免板中心开洞；洞口应采取收边、加设具有防水功能的泛水、涂密封胶等防水措施。建筑物转角处宜采用一体转角板。

外围护墙体应根据使用环境条件合理选用，宜采用一体化铝镁锰复合墙板、纤维水泥复合墙板或一体化纤维水泥集成板等一体化墙板，强腐蚀性地区宜优先选用水泥基板材。应根据使用条件合理选择墙体中间保温层材料及厚度。用于防火墙时，应满足 3h 耐火极限。

（5）内隔墙。建筑内隔墙宜采用纤维水泥复合墙板、轻钢龙骨石膏板或一体化纤维水泥集成板。纤维水泥复合墙板由两侧面板＋中间保温层组成。面板采用纤维水泥饰面板；中间保温层采用岩棉或轻质条板。内墙板板间启口处采用白色耐候硅硐胶封缝。轻钢龙骨石膏板为三层结构，现场复合，由两侧石膏板和中间保温层组成，中间保温层采用岩棉，石膏板层数和保温层厚度根据内隔墙耐火极限需求确定，外层应有饰面效果。内隔墙与地面交接处，设置防潮垫块或在室内地面以上 150~200mm 范围内将内隔墙龙骨采用混凝土进行包封，防止石膏板遇水受潮变形。内隔墙排版应根据墙体立面尺寸划分，减少墙板长度和宽度种类。

（6）屋面。屋面板采用钢筋桁架楼承板，轻型门式刚架结构屋面板宜采用压型钢板复合板。轻型门式刚架结构屋面材料宜采用锁边压型钢板，满足

Ⅰ级防水要求。屋面宜设计为结构找坡，平屋面采用结构找坡不得小于 5％，建筑找坡不得小于 3％；天沟、檐沟纵向找坡不得小于 1％。寒冷地区建筑物屋面宜采用坡屋面，坡屋面坡度应符合设计规范要求。

屋面采用有组织防水，防水等级采用Ⅰ级。

（7）室内外装饰装修。变电站楼、地面做法应按照现行国家标准图集或地方标准图集选用，无标准选用时，可按国网输变电工程标准工艺选用。

配电装置室、电抗器室、电容器室、站用变室、蓄电池室等电气设备房间宜采用环氧树脂漆地坪、自流平地坪、地砖或细石混凝土地坪等；卫生间、室外台阶采用防滑地砖，卫生间四周除门洞外，应做高度不应小于 120mm 混凝土翻边。卫生间采用瓷砖墙面。

卫生间设铝板吊顶，其余房间和走道均不宜设置吊顶。

房间内部装修材料应符合 GB 50222—2017《建筑内部装修设计防火规范》要求。

（8）门窗。

门窗应设计成规整矩形，不应采用异型窗。

门窗宜设计成以 3M 为基本模数的标准洞口，尽量减少门窗尺寸，一般房间外窗宽度不宜超过 1.50m，高度不宜超过 1.50m。

门采用木门、钢门、铝合金门、防火门，建筑物一层门窗采取防盗措施。

外窗宜采用断桥铝合金门窗或塑钢窗，窗玻璃宜采用中空玻璃。蓄电池室、卫生间的窗采用磨砂玻璃。

建筑外门窗抗风压性能分级不得低于 4 级，气密性能分级不得低于 3 级，水密性能分级不得低于 3 级，保温性能分级为 7 级，隔音性能分级为 4 级，外门窗采光性能等级不低于 3 级。

当建筑物采用一体化墙板时，GIS 室宜在满足密封、安全、防火、节能的前提下采用可拆卸式墙体，不设置设备运输大门。墙体大小应满足设备运输要求，并方便拆卸安装。

（9）楼梯、坡道、台阶及散水。

楼梯尺寸设计应经济合理。楼梯间轴线宽度宜为 3m。踏步高度不宜小于 0.15m，步宽不宜大于 0.30m。踏步应防滑。室内台阶踏步数不应小于 2 级。当高差不足 2 级时，应按坡道要求设置。

楼梯梯段改变方向时，扶手转向端处的平台最小宽度不应小于梯段宽度，并不得小于 1.20m。

室内楼梯扶手高度不宜小于 900mm。靠楼梯井一侧水平扶手长度超过 500mm 时，其高度不应小于 1.05m。

踏步、坡道、台阶采用细石混凝土或水泥砂浆材料。

细石混凝土散水宽度为 0.60m，湿陷性黄土地区不得小于 1.50m。散水与建筑物外墙间应留置沉降缝，缝宽 20～25mm，纵向 6m 左右设分隔缝一道。

（10）建筑节能。

控制建筑物窗墙比，窗墙比应满足国家规范要求。

建筑外窗选用中空玻璃，改善门窗的隔热性能。

墙面、屋面宜采用保温隔热层设计。

7.5.3.2 结构

（1）装配式建筑物宜采用钢框架结构或轻型钢结构。当单层建筑物恒载、活载均不大于 $0.7kN/m^2$，基本风压不大于 $0.7kN/m^2$ 时可采用轻型钢结构。

（2）钢结构梁、柱宜采用热轧 H 型钢。屋面板采用钢筋桁架楼承板，轻型门式刚架结构屋面材料宜采用锁边压型钢板，满足 I 级防水要求。

（3）单层建筑的柱间距推荐采用 $6\sim7.5m$，多层建筑的柱间距应根据电气工艺布置进行优化，柱距宜控制在 $2\sim3$ 种。

（4）当施工对主体结构的受力和变形有较大影响时，应进行施工验算。

（5）钢结构建筑物宜采用全栓接，全螺栓连接部位包括框架梁与框架柱、主梁与次梁、围护结构的次檩条与主檩条（或龙骨）、围护结构与主体结构、雨篷挑梁与雨篷梁、雨篷梁与主体框架柱。

（6）钢结构的防腐可采用镀层防腐和涂层防腐。

（7）丙、丁、戊类单层钢结构厂房耐火等级为二级。厂房耐火等级为二级时，钢柱耐火极限为 2.5h，钢梁的耐火极限为 1.5h；如厂房为单层布置，钢柱的耐火极限为 2.0h。

钢结构构件应根据耐火等级确定耐火极限，选择厚、薄型的防火涂料。

7.5.4 装配式构筑物

7.5.4.1 围墙及大门

围墙宜采用装配式围墙，围墙高度不低于 2.5m。城市规划有特殊要求的变电站可采用通透式围墙。

装配式围墙柱宜采用预制钢筋混凝土柱或型钢柱。预制钢筋混凝土柱采用工字形，截面尺寸不宜小于 250mm×250mm，墙体宜采用预制墙板。

围墙顶部宜设钢筋混凝土预制压顶，推荐标准尺寸为 440mm×490mm×60/70mm（长×宽×厚）。

站区大门宜采用电动实体推拉门。

7.5.4.2 防火墙

防火墙宜采用装配式防火墙，耐火极限不小于 3h。

防火墙宜采用现浇框架，根据主变构架柱根开和防火墙长度设置钢筋混凝土现浇柱。采用标准钢模浇制混凝土；预制墙板防火墙墙体材料采用 150mm 厚清水混凝土预制板或 150mm 厚蒸压轻质加气混凝土板。

7.5.4.3 电缆沟

（1）配电装置区不设电缆支沟，可采用电缆埋管、电缆排管或成品地面槽盒系统。除电缆出线外，电缆沟宽度宜采用 800mm、1100mm、1400mm。

（2）主电缆沟宜采用砌体或现浇混凝土沟体，当造价不超过现浇混凝土时，也可采用预制装配式电缆。砌体沟体顶部宜设置预制素混凝土压顶，推荐标准尺寸为 990mm×150mm×12mm（长×宽×厚）。沟深不大于 1000mm 时，沟体宜采用砌体；沟深大于 1000mm 或离路边距离小于 1000mm 时，沟体宜采用现浇混凝土。在湿陷性黄土及寒冷地区，不宜采用砖砌体电缆沟。电缆沟沟壁应高出场地地坪 100mm。

（3）电缆沟采用成品盖板，材料为包角钢钢筋混凝土盖板或不燃有机复合盖板。风沙地区盖板应采用带槽口盖板，宽度根据电缆沟宽度确定，单件重量不超过 140kg。

7.5.4.4　支架

（1）支架统一采用钢结构，钢结构连接方式宜采用螺栓连接。

（2）设备支架柱采用圆形钢管结构，支架横梁采用型钢横梁，支架柱与基础采用地脚螺栓连接。

（3）独立避雷针及构架上避雷针采用钢管结构。对严寒大风地区，避雷针钢材应具有常温冲击韧性的合格保证。

（4）钢构支架防腐均采用热镀锌或冷喷锌防腐。

7.5.4.5　设备基础

（1）主变压器基础宜采用筏板基础＋支墩的基础形式，筏板厚度为 600mm，室外主变压器油坑尺寸按通用设备为 10000mm×8000mm。

（2）GIS 设备基础宜采用筏板＋支墩的基础形式，筏板厚度为 600m。

（3）小型基础如灯具、构支架柱的保护帽等均采用清水混凝土。

7.5.5　暖通、水工、消防、降噪

7.5.5.1　暖通

建筑物内生产用房应根据工艺设备对环境温度的要求采用分体空调或工业空调，寒冷地区可采用电辐射加热器。二次设备室、蓄电池室、警卫室等设置分体空调。

各电气设备室均采用自然进风、自然或机械排风，排除设备运行时产生的热量。正常通风降温系统可兼作事故后排烟用。

采用 SF$_6$ 气体绝缘设备的配电装置室内应设置 SF$_6$ 气体探测器，SF$_6$ 事故通风系统应与 SF$_6$ 报警装置联动。

通风系统与消防报警系统应能联动闭锁，同时具备自动启停、现场控制和远方控制的功能。

室内存在保护装置的开关柜室，当室内环境温度超过 5～30℃范围，应考虑配置空调等有效的调温措施；当室内日平均相对湿度大于 95％或月平均相对湿度大于 75％，应考虑配置除湿设备。

7.5.5.2　水工

水源宜采用自来水水源或打井供水，污水排入市政污水管网或排入化粪池定期清理或设置污水处理装置。站区雨水通过设置在地下雨水泵池集中排放至站外沟渠或市政雨水管网。

主变设有油水分离式总事故油池，油池有效容积按最大主变油量的 100％考虑，容积为 60m^3，主变油池压顶采用素混凝土空心结构，推荐标准尺寸为 990mm×250mm×200mm（长×宽×厚）。

排水设施在经济合理时，可采用预制式成品。

7.5.5.3　消防

变电站消防设计应执行 GB 50229—2019《火力发电厂及变电站设计防火标准》、GB 50016—2014《建筑设计防火规范（2018 年版）》及 GB 50974—2014《消防给水及消火栓设计技术规范》。建筑物设置消防给水及消火栓系统。电气设备采用移动式化学灭火器。电缆从室外进入室内的入口处，应采取防止电缆火灾蔓延的阻燃及分隔的措施。

站内设置一套火灾自动探测报警系统，报警信号上传至地区监控中心及相关单位。

7.5.5.4 降噪

变电站噪声须满足 GB 12348—2008《工业企业厂界环境噪声排放标准》及 GB 3096—2008《声环境质量标准》要求。

7.6 机械化施工

变电站所用混凝土优先选用商品泵送混凝土，车辆运输至现场，并利用泵车输送到浇筑工位，直接入模。

构架基础、主变防火墙等采用定型钢模板，模板拼装采用螺栓连接。

构架、建筑房屋钢结构、围护板墙结构系统、屋面板系统，均采用工厂化加工，运输至现场后采用机械吊装组装。

构架、建筑结构钢柱等柱脚采用地脚螺栓连接，柱底与基础之间的二次浇筑混凝土采用专用灌浆工具进行作业。

第四篇

冀北通用设计实施方案

第 8 章 JB-220-A3-2 通用设计实施方案

8.1 JB-220-A3-2 方案设计说明

本实施方案主要设计原则详见表 8-1，与通用设计无差异。

表 8-1   JB-220-A3-2 方案主要技术条件表

序号	项目		技 术 条 件
1	建设规模	主变压器	本期 2 台 240MVA，远期 3 台 240MVA
		出线	220kV：本期 4 回，远期 10 回； 110kV：本期 6 回，远期 12 回； 10kV：本期 24 回，远期 36 回
		无功补偿装置	10kV 并联电抗器：本期 4 组 10Mvar，远期 6 组 10Mvar； 10kV 并联电容器：本期 6 组 8000kvar，远期 9 组 8000kvar
2	站址基本条件		海拔小于 1000.00m，设计基本地震加速度 0.10g，设计风速不大于 30m/s，地基承载力特征值 f_{ak}＝150kPa，无地下水影响，场地同一设计标高
3	电气主接线		220kV 本期及远期均采用双母线单分段接线； 110kV 本期及远期均采用双母线接线； 10kV 本期采用单母四分段接线，远期采用单母六分段接线
4	主要设备选型		220kV、110kV、10kV 短路电流控制水平分别为 50kA、40kA、31.5kA； 主变压器采用户外三绕组、有载调压电力变压器；220kV 采用户内 GIS；110kV 采用户内 GIS；10kV 采用开关柜；10kV 并联电容器采用框架式； 10kV 电抗器采用户内干式铁芯
5	电气总平面及配电装置		两幢楼平行布置，主变户外布置； 220kV 配电装置楼一层布置无功装置，二层布置 220kV 配电装置；110kV 配电装置楼一层布置 10kV 配电装置，二层布置 110kV 配电装置及二次设备； 220kV：户内 GIS，架空电缆混合出线； 110kV：户内 GIS，架空电缆混合出线； 10kV：户内开关柜双列布置

续表

序号	项　目	技　术　条　件
6	二次系统	全站采用模块化二次设备、预制式智能控制柜及预制光电缆的二次设备模块化设计方案； 变电站自动化系统按照一体化监控设计； 采用常规互感器＋合并单元； 220kV、110kV GOOSE 与 SV 共网，保护直采直跳； 220kV 及主变压器采用保护、测控独立装置，110kV 采用保护测控集成装置，10kV 采用保护测控集成装置； 采用一体化电源系统，通信电源不独立设置； 间隔层设备下放布置，公用及主变二次设备布置在二次设备室
7	土建部分	围墙内占地面积 0.7738hm²； 全站总建筑面积 3921m²； 建筑物结构型式为装配式钢框架结构； 建筑物外墙采用一体化铝镁复合板或纤维水泥复合板，内墙采用纤维水泥复合墙板、轻钢龙骨石膏板或一体化纤维水泥集成墙板，楼面板采用压型钢板为底模的现浇钢筋混凝土板，屋面板采用钢筋桁架楼承板； 围墙采用大砌块围墙或装配式围墙或通透式围墙； 构、支架基础采用定型钢模浇筑，构支架与基础采用地脚螺栓连接

8.2　JB－220－A3－2 方案卷册目录

表 8－2　　　　　　　　　　　　　　　　　　　　　　　电 气 一 次 卷 册 目 录

专业	序号	卷　册　编　号	卷　册　名　称	专业	序号	卷　册　编　号	卷　册　名　称
电气一次	1	JB－220－A3－2－D0101	电气一次施工图说明及主要设备材料清册	电气一次	7	JB－220－A3－2－D0107	10kV 并联电容器安装
	2	JB－220－A3－2－D0102	电气主接线图及电气总平面布置图		8	JB－220－A3－2－D0108	10kV 并联电抗器安装
	3	JB－220－A3－2－D0103	220kV 屋内配电装置		9	JB－220－A3－2－D0109	接地变压器及其中性点设备安装
	4	JB－220－A3－2－D0104	110kV 屋内配电装置		10	JB－220－A3－2－D0110	全站防雷、接地施工图
	5	JB－220－A3－2－D0105	10kV 屋内配电装置		11	JB－220－A3－2－D0111	全站动力及照明施工图
	6	JB－220－A3－2－D0106	主变压器安装		12	JB－220－A3－2－D0112	光缆/电缆敷设及防火封堵施工图

表 8-3　　　　　　　　　　　　**电气二次卷册目录**

专　业	序号	卷　册　编　号	卷　册　名　称
电气二次	1	JB-220-A3-2-D0201	二次系统施工说明及设备材料清册
	2	JB-220-A3-2-D0202	公用设备二次线
	3	JB-220-A3-2-D0203	主变压器保护及二次线
	4	JB-220-A3-2-D0204	220kV线路保护及二次线
	5	JB-220-A3-2-D0205	110kV母联、母线保护及二次线
	6	JB-220-A3-2-D0206	故障录波系统
	7	JB-220-A3-2-D0207	110kV线路保护及二次线
	8	JB-220-A3-2-D0208	110kV母联（分段）、母线保护及二次线
	9	JB-220-A3-2-D0209	10kV二次线
	10	JB-220-A3-2-D0210	交直流电源系统
	11	JB-220-A3-2-D0211	时间同步系统
	12	JB-220-A3-2-D0212	辅助设备智能监控系统
	13	JB-220-A3-2-D0213	火灾报警系统
	14	JB-220-A3-2-D0214	状态监测系统
	15	JB-220-A3-2-D0215	系统调度自动化
	16	JB-220-A3-2-D0216	变电站自动化系统
	17	JB-220-A3-2-D0217	系统及站内通信

表 8-4　　　　　　　　　　　　**土建卷册目录**

专　业	序号	卷　册　编　号	卷　册　名　称
土建	1	JB-220-A3-2-T0101	土建施工总说明及卷册目录
	2	JB-220-A3-2-T0102	总平面布置图
	3	JB-220-A3-2-T0201	220kV配电装置楼建筑施工图
	4	JB-220-A3-2-T0202	220kV配电装置楼结构施工图
	5	JB-220-A3-2-T0203	110kV配电装置楼建筑施工图
	6	JB-220-A3-2-T0204	110kV配电装置楼结构施工图
	7	JB-220-A3-2-T0205	警卫室建筑施工图
	8	JB-220-A3-2-T0206	警卫室结构施工图
	9	JB-220-A3-2-T0207	消防泵房及水池建筑施工图
	10	JB-220-A3-2-T0208	消防泵房及水池结构施工图
	11	JB-220-A3-2-T0301	主变场区施工图
	12	JB-220-A3-2-T0302	独立避雷针施工图
	13	JB-220-A3-2-N0101	采暖通风空调施工图
	14	JB-220-A3-2-S0101	站区给排水施工图
	15	JB-220-A3-2-S0102	室内给排水施工图
	16	JB-220-A3-2-S0103	室内消防管道布置及灭火器布置图
	17	JB-220-A3-2-S0104	主变水喷雾管道安装图
	18	JB-220-A3-2-S0105	消防泵房管道安装图
	19	JB-220-A3-2-S0106	事故油池施工图

8.3　JB-220-A3-2方案主要图纸

本方案主要图纸如图8-1～图8-24所示，其余详见光盘。

间隔编号	16	15	14	14	12	11	10	9	8	7	6	5	4	3	2	1
间隔名称	远景架空3	远景3号主变	1M母设	2M母设	远景架空3	远景电缆6	远景电缆5	远景电缆4	2号主变	远景电缆3	母联	架空出线2	电缆出线2	电缆出线1	1号主变	架空出线1

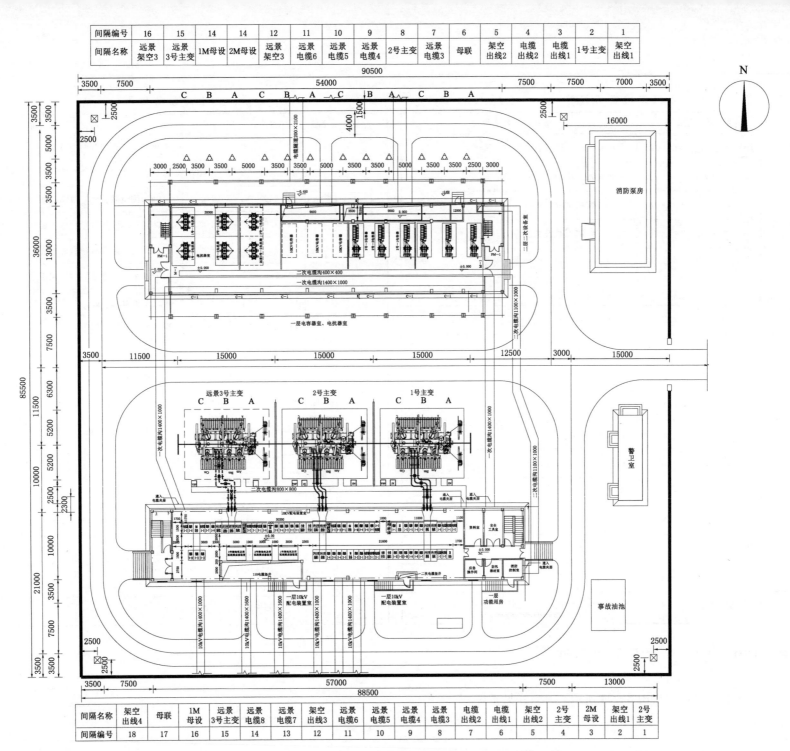

间隔名称	架空出线4	母联	1M母设	远景3号主变	远景电缆8	远景电缆7	架空出线3	远景电缆6	远景电缆5	远景电缆4	远景电缆3	电缆出线2	电缆出线1	架空出线2	2号主变	2M母设	架空出线1	2号主变
间隔编号	18	17	16	15	14	13	12	11	10	9	8	7	6	5	4	3	2	1

图 8-2 电气总平面布置图

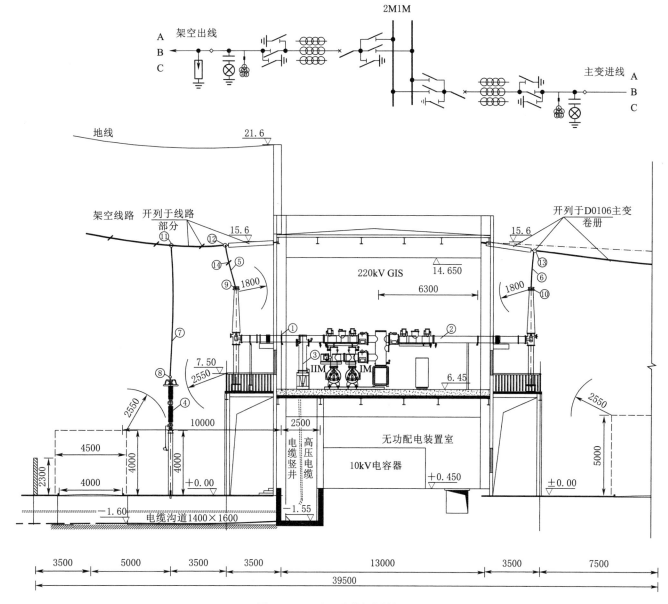

图 8-3 220kV 出线间隔断面图

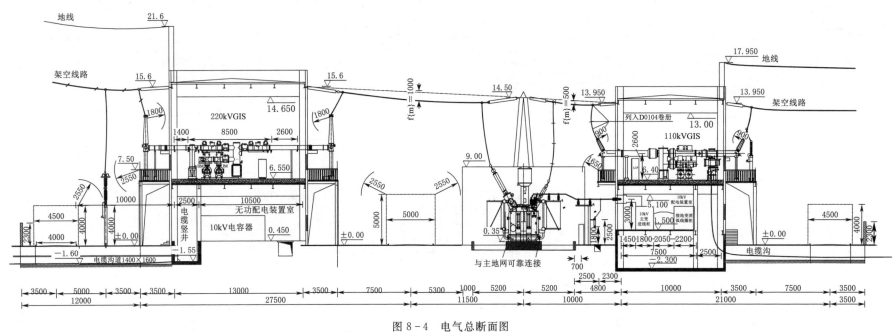

图 8－4　电气总断面图

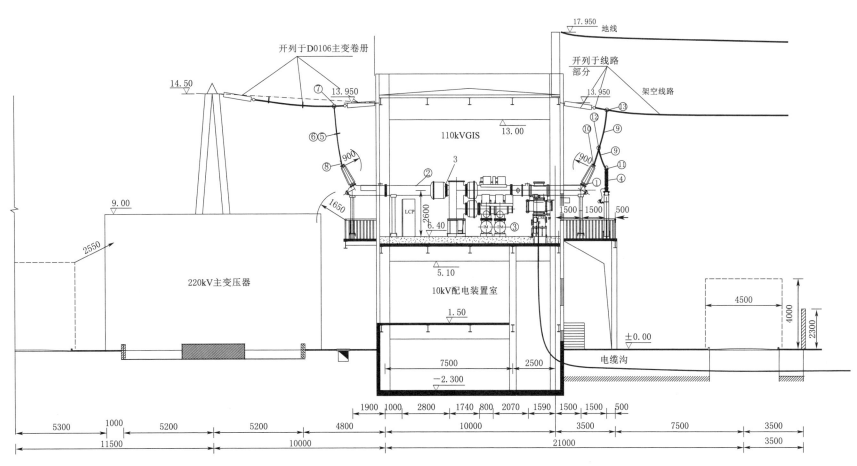

图 8-5　110kV 配电装置室断面布置图

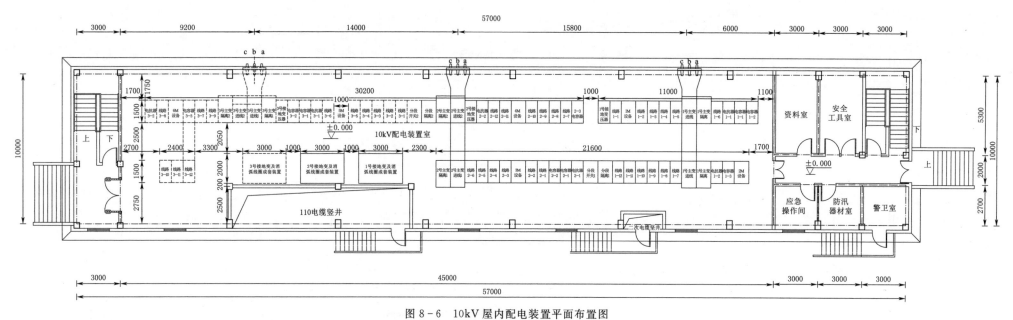

图 8-6　10kV 屋内配电装置平面布置图

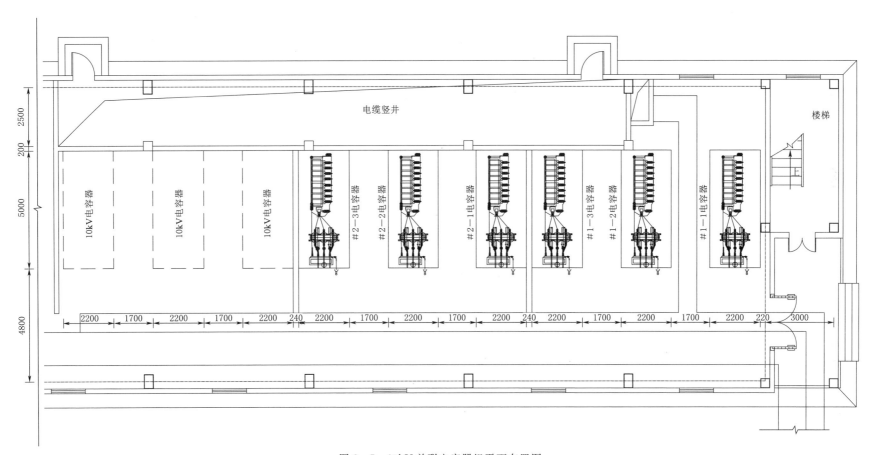

图8-7 10kV并联电容器组平面布置图

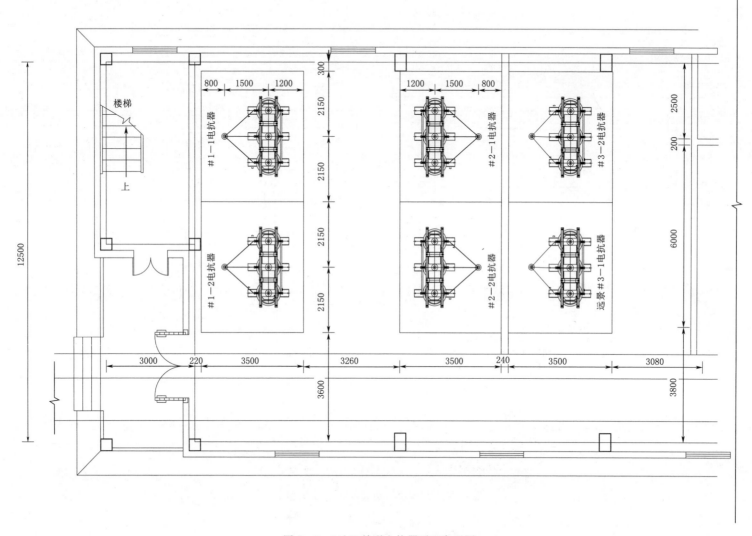

图 8-8　10kV 并联电抗器平面布置图

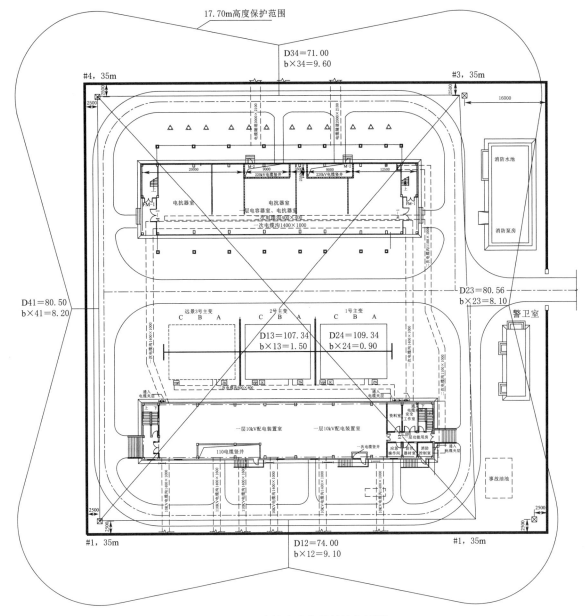

图 8-9 全站防直击雷保护布置图

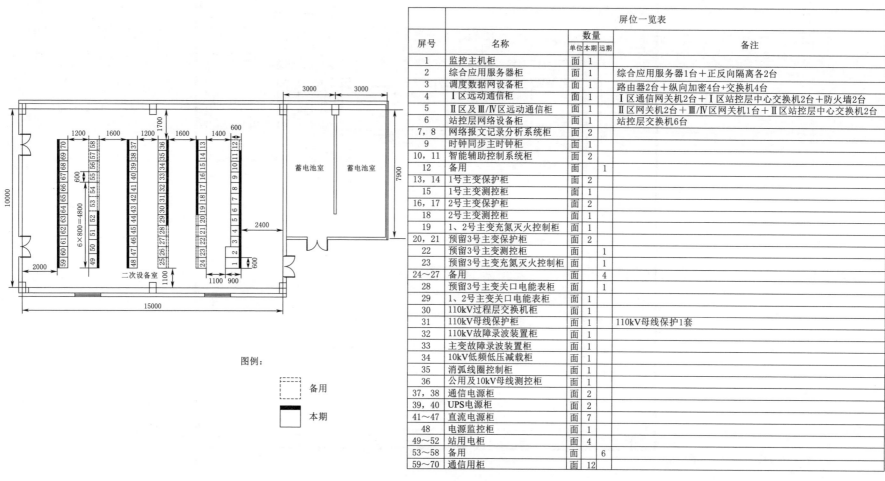

图 8-10　二次设备室屏位布置图

屏位一览表				
屏号	名称	数量		备注
		单位	本期	远期	

屏号	名称	单位	本期	远期	备注
1	监控主机柜	面	1		
2	综合应用服务器柜	面	1		综合应用服务器1台+正反向隔离各2台
3	调度数据网设备柜	面	1		路由器2台+纵向加密4台+交换机4台
4	Ⅰ区远动通信柜	面	1		Ⅰ区通信网关机2台+Ⅰ区站控层中心交换机2台+防火墙2台
5	Ⅱ区及Ⅲ/Ⅳ区远动通信柜	面	1		Ⅱ区网关机2台+Ⅲ/Ⅳ区网关机1台+Ⅱ区站控层中心交换机2台
6	站控层网络设备柜	面	1		站控层交换机6台
7, 8	网络报文记录分析系统柜	面	2		
9	时钟同步主时钟柜	面	1		
10, 11	智能辅助控制系统柜	面	2		
12	备用	面		1	
13, 14	1号主变保护柜	面	2		
15	1号主变测控柜	面	1		
16, 17	2号主变保护柜	面	2		
18	2号主变测控柜	面	1		
19	1、2号主变充氮灭火控制柜	面	1		
20, 21	预留3号主变保护柜	面		2	
22	预留3号主变测控柜	面		1	
23	预留3号主变充氮灭火控制柜	面		1	
24~27	备用	面		4	
28	预留3号主变关口电能表柜	面		1	
29	1、2号主变关口电能表柜	面	1		
30	110kV过程层交换机柜	面	1		
31	110kV母线保护柜	面	1		110kV母线保护1套
32	110kV故障录波装置柜	面	1		
33	主变故障录波装置柜	面	1		
34	10kV低频低压减载柜	面	1		
35	消弧线圈控制柜	面	1		
36	公用及10kV母线测控柜	面	1		
37, 38	通信电源柜	面	2		
39, 40	UPS电源柜	面	2		
41~47	直流电源柜	面	7		
48	电源监控柜	面	1		
49~52	站用电柜	面	4		
53~58	备用	面		6	
59~70	通信用柜	面	12		

图例：

☐（虚线） 备用

■ 本期

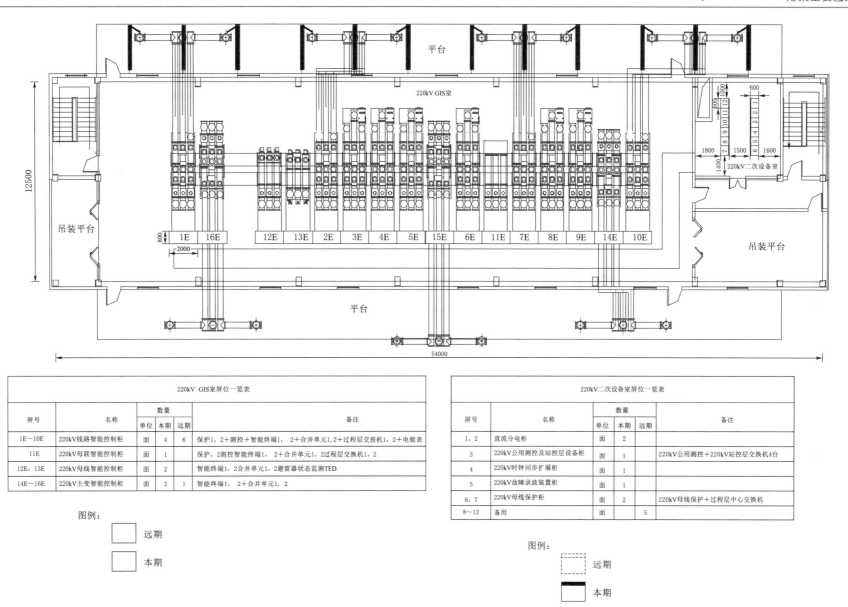

220kV GIS室屏位一览表					
屏号	名称	数量			备注
		单位	本期	远期	
1E～10E	220kV线路智能控制柜	面	4	6	保护1,2+测控+智能终端1,2+合并单元1,2+过程层交换机1,2+电能表
11E	220kV母联智能控制柜	面	1		保护,2测控智能终端1,2+合并单元1,2过程层交换机1,2
12E、13E	220kV母线智能控制柜	面	2		智能终端1,2合并单元1,2避雷器状态监测TED
14E～16E	220kV主变智能控制柜	面	2	1	智能终端1,2+合并单元1,2

图例：

☐ 远期

☐ 本期

220kV二次设备室屏位一览表					
屏号	名称	数量			备注
		单位	本期	远期	
1,2	直流分电柜	面	2		
3	220kV公用测控及站控层设备柜	面	1		220kV公用测控+220kV站控层交换机4台
4	220kV时钟同步扩展柜	面	1		
5	220kV故障录波装置柜	面	1		
6,7	220kV母线保护柜	面	2		220kV母线保护+过程层中心交换机
8～12	备用	面		5	

图例：

┌┄┐
┊ ┊ 远期
└┄┘

■ 本期

图 8-11　220kV GIS室及220kV二次设备室屏位布置图

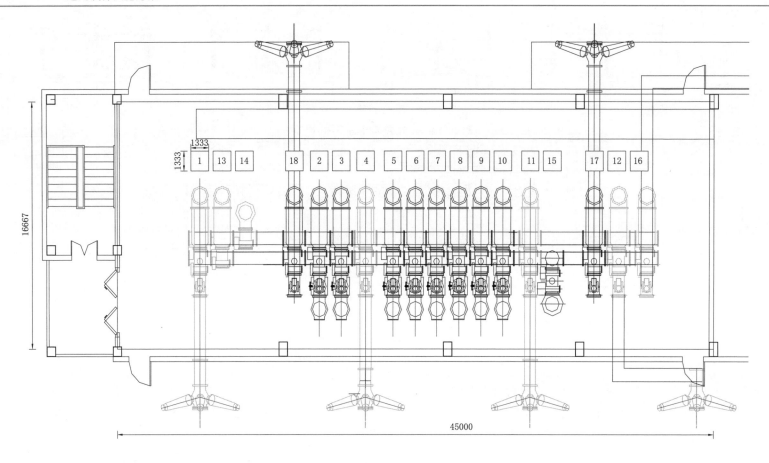

屏位一览表					
屏号	名称	数量			备注
		单位	本期	远期	
1～12	110kV线路智能控制柜	面	6	6	110kV线路保护测控＋合并单元智能终端集成装置＋电能表
13	110kV母联智能控制柜	面	1		110kV母联保护测控＋合并单元智能终端集成装置
14，15	110kV母线智能控制柜	面	2		母线测控＋智能终端1，2＋合并单元1，2
16～18	110kV主变智能控制柜	面	2	1	合并单元智能终端集成装置1，2

图例：

☐ 远期

☐ 本期

图 8-12　110kV GIS室屏位布置图

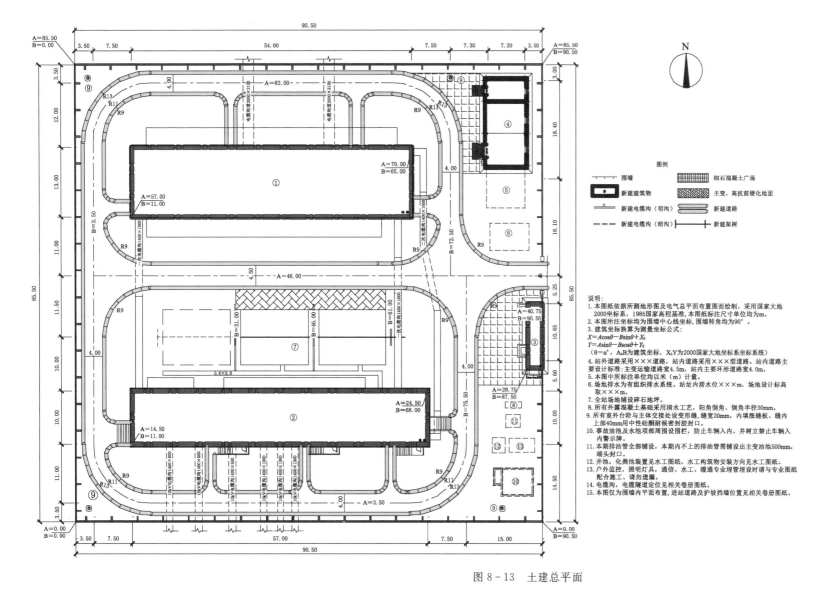

图8-13 土建总平面

建(构)筑物一览表

编号	名称	单位	数量	备注
①	220kV配电装置楼	m²	1595.23	
②	110kV配电装置楼	m²	2012.17	
③	警卫室	m²	50.31	
④	消防泵房及雨淋阀间	m²	138.61	
⑤	消防水池	m²	160	
⑥	事故油池	m²	40	
⑦	主变压器场地	m²	1040	
⑧	化粪池	m²	6	
⑨	独立避雷针	座	4	
⑩	雨水井	座	1	
⑪	中水池	座	1	
⑫	污水调节池	座	1	
⑬	埋地一体化污水处理设施	座	1	

主要技术经济指标表

序号	名称	单位	数量	备注
1	站址总占地面积	hm²		
1.1	站区围墙内占地面积	hm²	0.76925	合11.54亩
1.2	进站道路后占地面积	hm²		
1.3	站外供水设施占地面积	hm²		
1.4	站排洪设施占地面积	hm²		
1.5	站外防(排)洪设施占地面积	hm²		
1.6	其他占地面积	hm²		
2	进站道路长度(新建/改造)	m		
3	站外供水管长度	m		
4	站外排水管长度	m		
5	站内主电缆沟/保道	m	238/45	
6	站内外挡土墙长度	m		
7	站内外护坡面积	m²		
8	站址土(石)方量	挖方(一) / 填方(十)	m³	
8.1	站区场地平整	挖方(一)/填方(十)	m³	
8.2	进站道路	挖方(一)/填方(十)	m³	
8.3	建(构)筑物基槽余土		m³	
8.4	站址土方综合平衡	挖方(一)/填方(十)	m³	
9	站内道路面积	m²	1730	
10	屋外配电装置场地面积	m²		
11	总建筑面积	m²	3796.32	
12	站区围墙长度	m	351	

说明:
1. 本图纸依据所测地形图及电气总平面布置图而绘制,采用国家大地2000坐标系,1985国家高程基准,本图纸标注尺寸单位均为m。
2. 本图所注坐标均为围墙中心线坐标,围墙转角均为90°。
3. 建筑坐标换算为测量坐标公式:
$X=A\cos\theta-B\sin\theta+X_0$
$Y=A\sin\theta-B\cos\theta+Y_0$
($\theta=\alpha°$,$A、B$为建筑坐标,$X_0、Y_0$为2000国家大地坐标系坐标系统)
4. 站外道路采用×××道路,站内道路采用×××型道路。站内道路主要设计标准:主变运输道路宽4.5m,站内主要环形道路宽4.0m。
5. 本图中所标注单位以米(m)计量。
6. 场地排水为有组织排水系统。站址内涝水位×××m,场地设计标高取×××m。
7. 全站场地铺设碎石坪。
8. 所有外露混凝土基础采用清水工艺,阳角倒角、倒角半径30mm。
9. 所有室外台阶与主体交接处设变形缝,缝宽20mm、内填涨缝板、缝内上部40mm用中性硅酮耐候密封胶封口。
10. 事故油池及水池项部周围设围栏,防止车辆进入内,并树立禁止车辆入内警示牌。
11. 本期排油管全部铺设,本期内不上的排油管需铺设出主变存油500mm,端头封口。
12. 井池,化粪池装置见水工图纸,水工构筑物安装方向见水工图纸。
13. 户外监控,照明灯具,通信、水工、暖通专业埋管埋设时请与专业图纸配合施工、请勿遗漏。
14. 电缆沟,电缆隧道定位见相关卷册图纸。
15. 本图仅为围墙内平面布置,进站道路及护坡挡墙位置见相关卷册图纸。

91

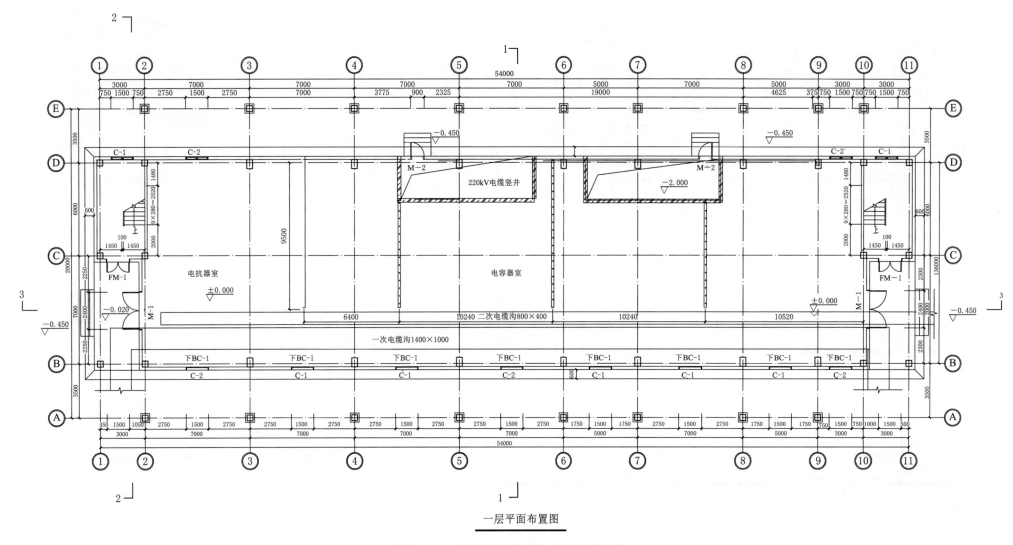

一层平面布置图

图 8‑14　220kV 配电装置楼一层平面布置图

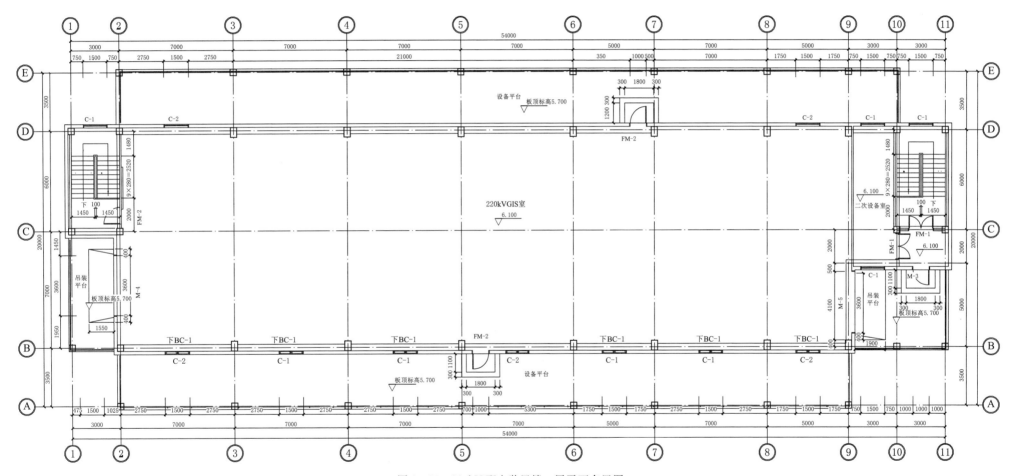

图8-15 220kV配电装置楼二层平面布置图

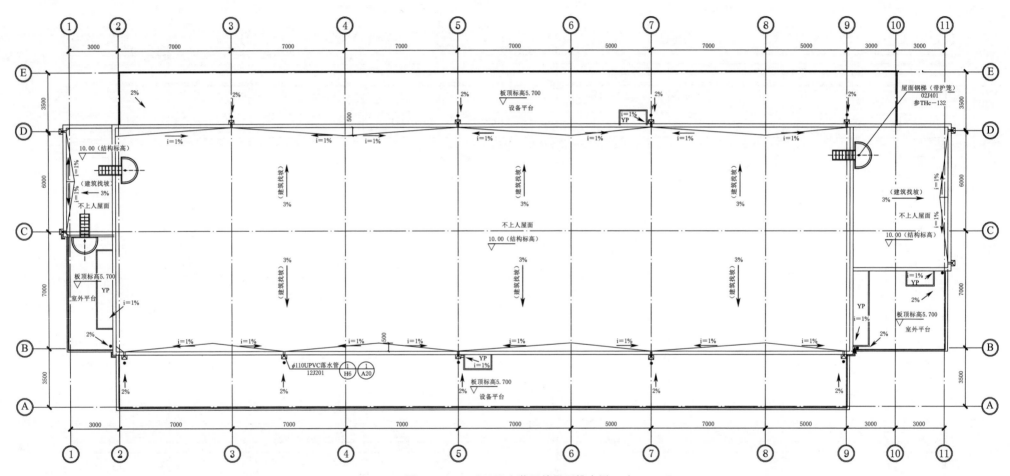

图 8-16　220kV 配电装置楼屋面排水图

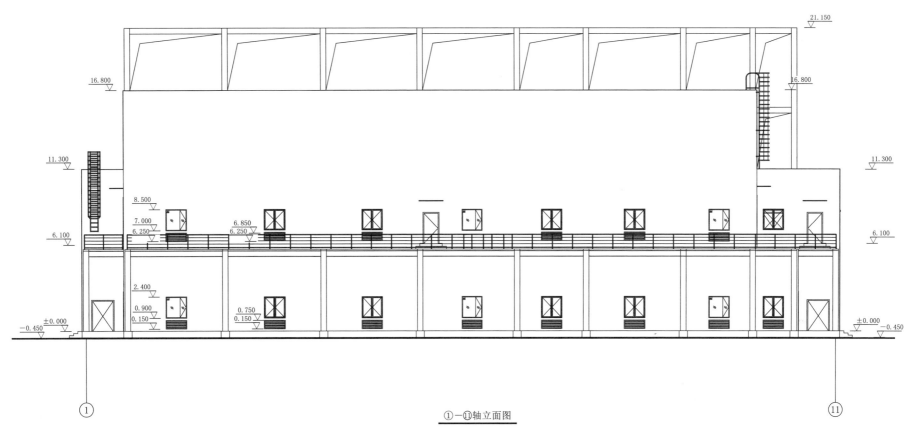

①—⑪轴立面图

图 8-17 220kV 配电装置楼立面图（一）

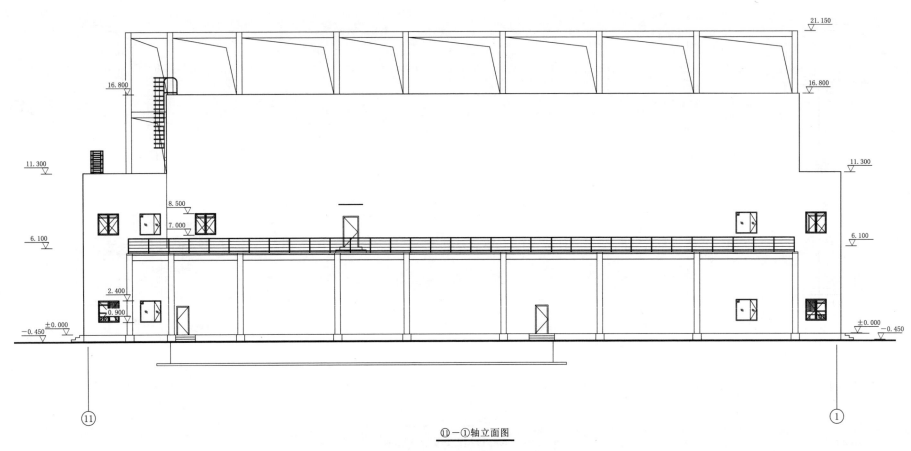

⑪－①轴立面图

图 8－18　220kV 配电装置楼立面图（二）

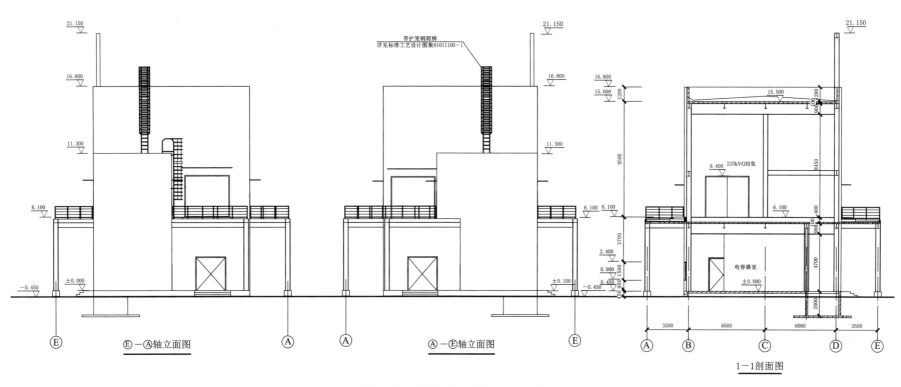

图 8-19 220kV 配电装置楼立剖面图

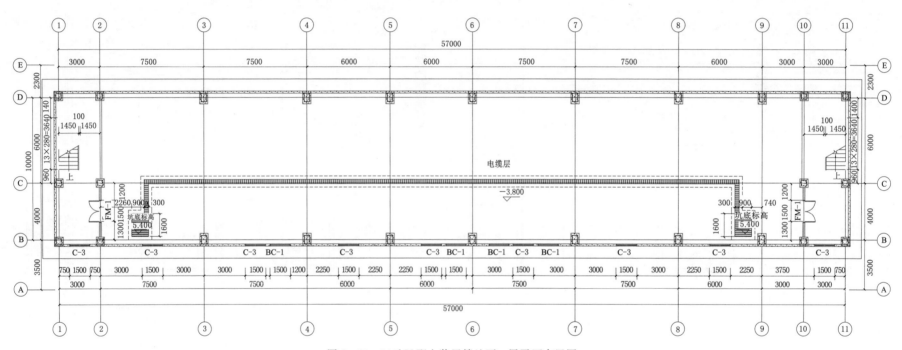

图 8-20　110kV 配电装置楼地下一层平面布置图

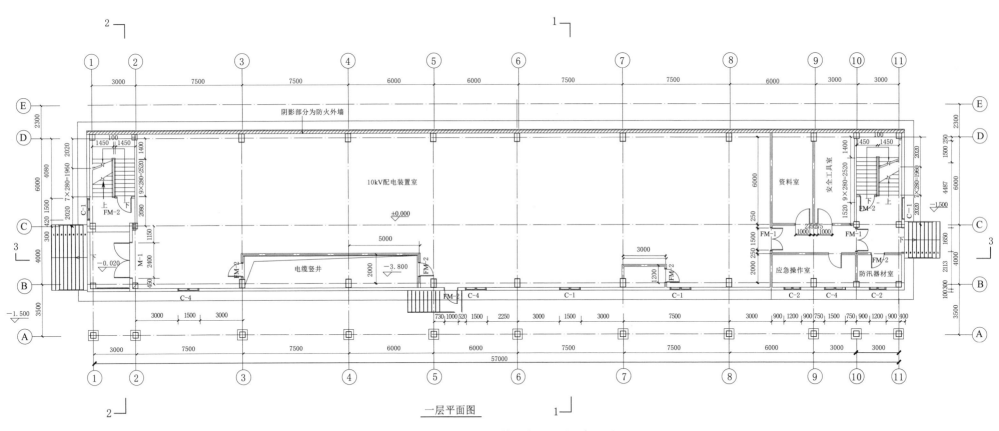

一层平面图

图 8-21　110kV 配电装置楼一层平面布置图

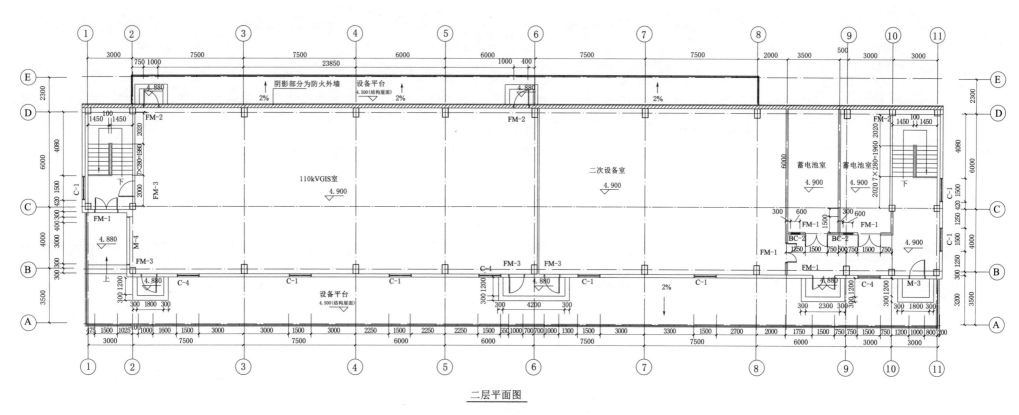

二层平面图

图 8－22　110kV 配电装置楼二层平面布置图

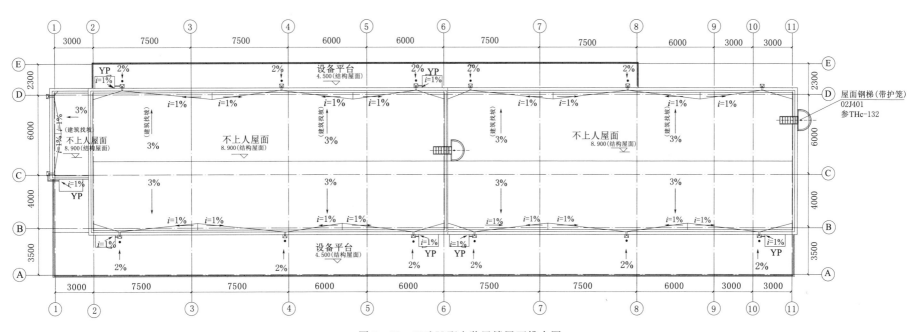

图 8-23　110kV 配电装置楼屋面排水图

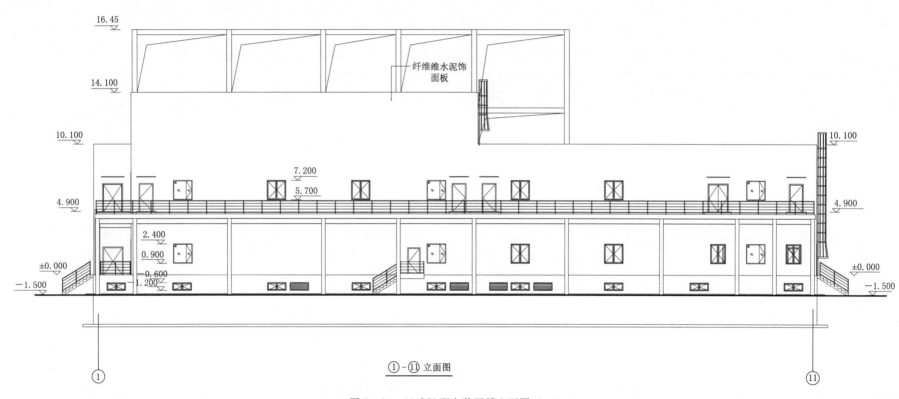

①-⑪ 立面图

图 8-24　110kV 配电装置楼立面图（一）

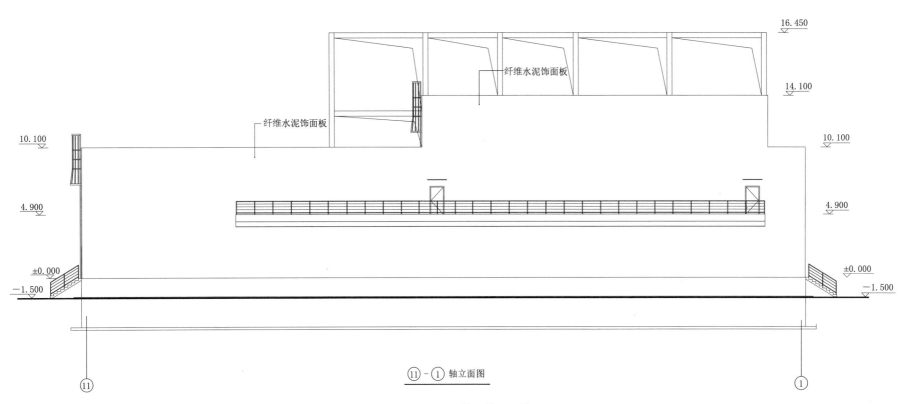

纤维水泥饰面板

纤维水泥饰面板

⑪ - ① 轴立面图

图 8-25　110kV 配电装置楼立面图（二）

103

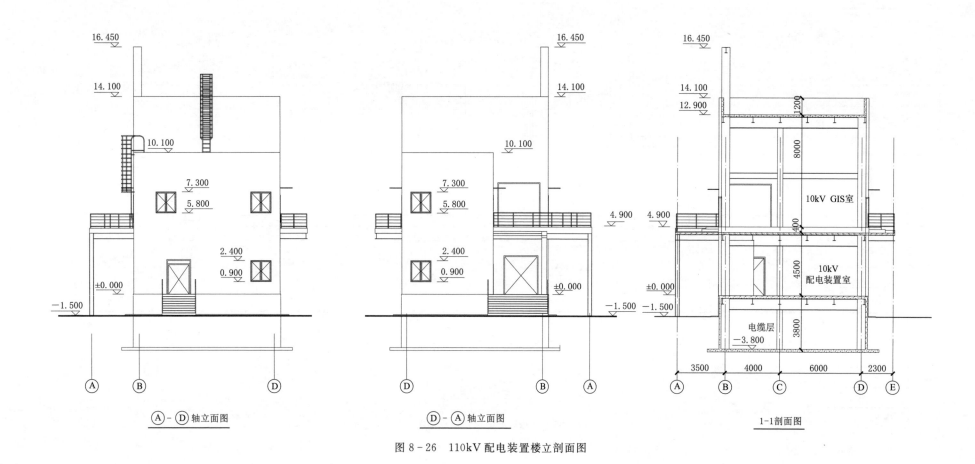

图 8-26　110kV 配电装置楼立剖面图

8.4 JB－220－A3－2方案主要计算书

二次的直流计算书、交流计算书、土建计算书见附件光盘。

8.5 JB－220－A3－2方案主要设备材料表

电气一次主要设备材料清册见表8-4，电气二次主要设备材料清册见表8-5。

表 8－4 电气一次主要设备材料清册

序号	名　称	型　号　及　规　格	单位	数量	备　注
（一）	主变部分				
1	220kV 电力变压器	2400000/220 户外，三相，三绕组，有载调压，自冷风冷	台	2	
		240/240/120MVA			
		220±8×1.25％/115/10.5kV			
		YNyn0d1			
		$U_{1-2\%}=14$			
		$U_{1-3\%}=64$（归算至全容量）			
		$U_{2-3\%}=50$（归算至全容量）			
		附套管电流互感器（每相）：			
		220kV 中压侧中性点：LRB－35 600/1A 5P30/5P30			
		110kV 中压侧中性点：LRB－35 600/1A 5P30/5P30			
		外绝缘爬距：220kV 套管不小于6300mm			
		外绝缘爬距：110kV 套管不小于3150mm			
		外绝缘爬距：10kV 套管不小于372mm			
		配智能状态在线检测装置			
		含智能控制柜、油色谱柜			
2	主变 220kV 中性点组合式设备	126kV，主变中性点间隙电流互感器：10kV，200～600/1A，5P20/5P20； 主变中性点隔离开关：126kV，630A，附电动机构； 氧化锌避雷器：YH1.5W－144/260 附监测器； 主变中性点放电间隙； 隔离开关需带微动开关 2 只	套	2	

续表

序号	名　称	型号及规格	单位	数量	备　注
3	主变 110kV 中性点组合式设备	72.5kV，主变中性点间隙电流互感器：10kV，200～600/1A，5P20/5P20； 主变中性点隔离开关：72.5kV，630A，附电动机构；主变中性点氧化锌避雷器： YH1.5W-72/186 附监测器； 隔离开关需带微动开关 2 只	套	2	
	10kV 氧化锌避雷器	标称放电电流：5kA，额定电压 17kV	台	6	
		标称雷电冲击电流下的最大残压：45kV			
		外绝缘爬电距离：372mm			
		附智能状态在线监测装置 1 套			
	220kV 耐张绝缘子串	17×（XWP-160）　与单导线连接	串	12	单片连接高度 155mm，爬电距离 545mm
	110kV 耐张绝缘子串	17×（XWP-160）　与双导线连接	串	12	
	耐张线夹	NY-630/55	套	36	
	T 型线夹	TY-630/55	套	18	
	软导线间隔棒	MRJ-6/200	套	60	
	0°铜铝过渡设备线夹	SYG-630/55A	套	6	
	0°双导线铜铝过渡设备线夹	SSYG-630/55A	套	6	
	钢芯铝绞线	LGJ-630/55	m	400	总长度
		LGJ-630/55	组/三相	2	主变 220kV 侧引下线
		2×（LGJ-630/55）	组/三相	2	主变 110kV 侧引下线
		2×（LGJ-630/55）	组/三相	2	主变 110kV 侧跨线
	钢芯铝绞线	LGJ-500/45	m	20	中性点引接
		LGJ-500/45	组/单相	4	设备连接线
	30°铜铝过渡设备线夹	SYG-500/45B	套	2	主变高压中性点套管接线端子
	0°铜铝过渡设备线夹	SYG-500/45A	套	2	主变中压中性点套管接线端子
	30°铝设备线夹	SY-500/45B	套	4	高压、中压中性点设备隔离开关接线端子
	铜排	TMY-30×4　配热缩套	m	20	10kV 避雷器用
	全绝缘式铜管母	4000A/10kV　附支撑及固定金具	m	70	管母厂家提供
	管母固定金具	附支撑	套	27	管母厂家提供
	管母 T 接金具		套	6	管母厂家提供

续表

序号	名 称	型 号 及 规 格	单位	数量	备 注
	母线伸缩节	4000A/10kV，40kA	套	12	管母厂家提供
	角钢	－50×5，L＝450mm	根	8	热镀锌
	槽钢	〔10　L＝1200mm	根	2	热镀锌
	角钢	－50×5，L＝1200mm	根	2	热镀锌
	槽钢	〔10　L＝400mm	根	4	热镀锌
	槽钢	〔10　L＝1150mm	根	2	热镀锌
	槽钢	〔10　L＝1400mm	根	4	热镀锌
	槽钢	〔10　L＝700mm	根	2	热镀锌
	槽钢	∟10　L＝1000mm	根	2	热镀锌
	不锈钢槽盒	500mm×200mm 带盖	m	40	主变本体端子箱至二次电缆沟
	钢杆	ϕ300，4500mm	根	—	列于土建卷册
	接地扁钢	－80×8	m	—	列于防雷卷册
（二）	220kV 配电装置部分				
1	220kV 智能组合电器	户内 SF_6 气体绝缘全密封（GIS）	套	2	架空出线间隔
		断路器三相分箱，母线三相共箱布置			
		252kV，I_N＝4000A，50kA/3s			
		每套含：			
		断路器：4000A，50kA/3s，1 台			
		隔离开关：4000A，50kA/3s，3 组			
		接地开关：4000A，50kA/3s，2 组			
		快速接地开关：50kA/3s，1 组			
		电流互感器：2000～4000A，0.2S/0.2S/5P30/5P30，50kA/3s，5/15/15/15VA，3 只			
		带电显示器（三相），1 套			
		电压互感器（三相）：220/$\sqrt{3}$/0.1$\sqrt{3}$/0.1$\sqrt{3}$/0.1$\sqrt{3}$/0.1/kV，0.2/0.5（3P）/0.5（3P）/3P，10/10/10/10VA 附可拆卸隔离断口			
		套管：4000A，外绝缘爬电距离不小于 6300mm，1 套			

续表

序号	名　称	型　号　及　规　格	单位	数量	备　注
		间隔绝缘盆、法兰等附件			
		隔离开关、接地开关需带微动开关，2 只			
2	220kV 智能组合电器	户内 SF$_6$ 气体绝缘全密封（GIS）	套	2	主变进线间隔
		断路器三相分箱，母线三相共箱布置			
		252kV，I_N=4000A，50kA/3s			
		每套含：			
		断路器：4000A，50kA/3s，1 台			
		隔离开关：4000A，50kA/3s，3 组			
		接地开关：4000A，50kA/3s，3 组			
		电流互感器：2000~4000A，0.2S/0.2S/5P30/5P30，50kA/3s，5/15/15/15VA，3 只			
		套管：4000A，外绝缘爬电距离不小于 6300mm，1 套			
		电压互感器（三相）：$\dfrac{220}{\sqrt{3}}\Big/\dfrac{0.1}{\sqrt{3}}\Big/\dfrac{0.1}{\sqrt{3}}\Big/\dfrac{0.1}{\sqrt{3}}\Big/0.1$kV 0.2/0.5(3P)/0.5(3P)/3P，10/10/10/10VA 附可拆卸隔离断口			
		带电显示器（三相）：1 套			
		间隔绝缘盆、法兰等附件			
		隔离开关、接地开关需带微动开关，2 只			
3	220kV 智能组合电器	户内 SF$_6$ 气体绝缘全密封（GIS）	套	2	电缆出线间隔
		断路器三相分箱，母线三相共箱布置			
		252kV，I_N=4000A，50kA/3s			
		每套含：			
		断路器：4000A，50kA/3s，1 台			
		隔离开关：4000A，50kA/3s，3 组			
		接地开关：4000A，50kA/3s，2 组			
		快速接地开关：50kA/3s，1 组			

续表

序号	名 称	型 号 及 规 格	单位	数量	备 注
		电流互感器：2000～4000A，0.2S/0.2S/5P30/5P30，50kA/3s，5/15/15/15VA 3只			
		带电显示器（三相）：1套			
		电压互感器（三相）：$\dfrac{220}{\sqrt{3}}\Big/\dfrac{0.1}{\sqrt{3}}\Big/\dfrac{0.1}{\sqrt{3}}\Big/\dfrac{0.1}{\sqrt{3}}\Big/0.1\mathrm{kV}$ 0.2/0.5（3P）/0.5（3P）/3P，10/10/10/10VA 附可拆卸隔离断口			
		电缆筒 1套			
		间隔绝缘盆、法兰等附件			
		隔离开关、接地开关需带微动开关，2只			
4	220kV 智能组合电器	户内 SF$_6$ 气体绝缘全密封（GIS）	套	2	母联间隔
		断路器三相分箱，母线三相共箱布置			
		252kV，I_N=4000A，50kA/3s			
		每套含：			
		断路器：2000～4000A，50kA/3s，1台			
		隔离开关：4000A，50kA/3s，2组			
		接地开关：4000A，50kA/3s，2组			
		电流互感器：2000～4000A，0.2S/0.2S/5P30/5P30 5/15/15/15VA 50kA/3s，3只			
		间隔绝缘盆、法兰等附件			
		隔离开关、接地开关需带微动开关，2只			
5	220kV 智能组合电器	户内 SF$_6$ 气体绝缘全密封（GIS）	套	3	母线设备间隔
		三相共箱布置			
		252kV，I_N=4000A，50kA/3s			
		每套含：			
		隔离开关：4000A，50kA/3s，1组			
		接地开关：4000A，50kA/3s，1组			
		快速接地开关：50kA/3s，1组			

序号	名　称	型　号　及　规　格	单位	数量	备　注
		电压互感器（三相）：$\dfrac{220}{\sqrt{3}}\Big/\dfrac{0.1}{\sqrt{3}}\Big/\dfrac{0.1}{\sqrt{3}}\Big/\dfrac{0.1}{\sqrt{3}}\Big/0.1\text{kV}$ 0.2/0.5（3P）/0.5（3P）/3P，10/10/10/10VA			
		间隔绝缘盆、法兰等附件			
		智能状态在线监测装置，1 套			
		隔离开关、接地开关需带微动开关，2 只			
6	220kV 智能组合电器	户内 SF$_6$ 气体绝缘全密封（GIS）	套	2	预留架空出线间隔
		三相共箱布置			
		252kV，I_N=4000A，50kA/3s			
		每套含：			
		预留双断口隔离开关：4000A，50kA/3s，2 组			
		接地开关：4000A，50kA/3s，1 组			
		间隔绝缘盆、法兰等附件			
		隔离开关、接地开关需带微动开关，2 只			
7	220kV 智能组合电器	户内 SF$_6$ 气体绝缘全密封（GIS）	套	4	预留电缆出线间隔
		三相共箱布置			
		252kV，I_N=4000A，50kA/3s			
		每套含：			
		预留双断口隔离开关：4000A，50kA/3s，2 组			
		接地开关：4000A，50kA/3s，1 组			
		间隔绝缘盆、法兰等附件			
		隔离开关、接地开关需带微动开关，2 只			
8	220kV 智能组合电器	户内 SF$_6$ 气体绝缘全密封（GIS）	套	1	分段间隔
		三相共箱布置			
		252kV，I_N=4000A，50kA/3s			
		每套含：			
		断路器：2000～4000A，50kA/3s，1 台			
		隔离开关：4000A，50kA/3s，2 组			

续表

序号	名　称	型　号　及　规　格	单位	数量	备　注
		接地开关：4000A，50kA/3s，2组			
		电流互感器：2000～4000A，0.2S/0.2S/5P30/5P30　5/15/15/15VA　50kA/3s，3只			
		间隔绝缘盆、法兰等附件			
		隔离开关、接地开关需带微动开关，2只			
9	220kV氧化锌避雷器	瓷柱式	台	6	
		标称放电流：10kA，额定电压204kV			
		标称雷电冲击电流下的最大残压532kV			
		外绝缘爬电距离：6300mm			
		附智能状态在线监测装置，1套			
10	钢芯铝绞线	LGJ－630/55	m	120	总长度
		2×（LGJ－630/55）	组/三相	2	220kV出线套管引下线
11	钢芯铝绞线	LGJ－630/55	m	80	总长度
		LGJ－630/55	组/三相	2	避雷器引下线
		LGJ－630/55	组/三相	2	220kV主进套管引下线
12	软导线间隔棒	MRJ－6/200	套	12	
13	90°铜铝过渡设备线夹	SYG－630C	套	6	
14	90°双导线铜铝过渡设备线夹	SSYG－630C/200	套	6	
15	0°铝设备线夹	SY－630A/55	套	6	
16	双导线T型线夹	TYS－2×630/200	套	6	
17	T型线夹	TY－630/55	套	18	
18	支柱绝缘子	380V	套	12	
19	铜排	－30×4	m	18	避雷器在线监测仪接地用
20	抱箍		套	18	
21	槽钢	[10	m	3	
22	镀锌钢管	DN50	m	—	开列在电缆敷设卷册
23	镀锌扁钢	－80×8	m	—	开列在防雷接地卷册

续表

序号	名　称	型　号　及　规　格	单位	数量	备　注
（三）	110kV 配电装置部分				
1	110kV 智能组合电器	户内 SF$_6$ 气体绝缘全密封（GIS）	套	4	架空出线间隔
		三相共箱布置			
		126kV，3150A，40kA/3s			
		每套含：			
		断路器：3150A，40kA/3s，1 台			
		隔离开关：3150A，40kA/3s，3 组			
		接地开关：3150A，40kA/3s，2 组			
		快速接地开关：40kA/3s，1 组			
		电流互感器：1000～2000/1A，5P30/0.2S/0.2S，15/15/5VA，3 只			
		带电显示器：1 套			
		电压互感器（三相）：$\frac{110}{\sqrt{3}}\left/\frac{0.1}{\sqrt{3}}\right/\frac{0.1}{\sqrt{3}}\left/\frac{0.1}{\sqrt{3}}\right/0.1$kV，0.2/0.5（3P）/0.5（3P）/3P，10/10/10/10VA，附可拆卸隔离断口			
		套管：3150A，外绝缘爬电距离不小于 3150mm，1 套			
		间隔绝缘盆、法兰等附件			
		隔离开关、接地开关需带微动开关，2 只			
2	110kV 智能组合电器	户内 SF$_6$ 气体绝缘全密封（GIS）	套	2	主变进线间隔
		三相共箱布置			
		126kV，3150A，40kA/3s			
		每套含：			
		断路器：3150A，40kA/3s，1 台			
		隔离开关：3150A，40kA/3s，3 组			
		接地开关：3150A，40kA/3s，3 组			
		电流互感器：1000～2000/1A，0.2S/0.2S/5P30/5P30，5/15/15/15VA，3 只			
		电压互感器（三相）：$\frac{110}{\sqrt{3}}\left/\frac{0.1}{\sqrt{3}}\right/\frac{0.1}{\sqrt{3}}\left/\frac{0.1}{\sqrt{3}}\right/0.1$kV，0.2/0.5(3P)/0.5(3P)/3P，10/10/10/10VA，附可拆卸隔离断口			

续表

序号	名 称	型 号 及 规 格	单位	数量	备 注
		带电显示器：1套			
		套管：3150A，外绝缘爬电距离不小于3150mm，1套			
		间隔绝缘盆、法兰等附件			
		隔离开关、接地开关需带微动开关，2只			
3	110kV智能组合电器	户内SF$_6$气体绝缘全密封（GIS）	套	2	电缆出线间隔
		三相共箱布置			
		126kV，3150A，40kA/3s			
		每套含：			
		断路器：3150A，40kA/3s，1台			
		隔离开关：3150A，40kA/3s，3组			
		接地开关：3150A，40kA/3s，2组			
		快速接地开关：40kA/3s，1组			
		电流互感器：1000～2000/1A，5P30/0.2S/0.2S，15/5/5VA，3只			
		带电显示器：1套			
		电压互感器（三相）：$\dfrac{110}{\sqrt{3}} \Big/ \dfrac{0.1}{\sqrt{3}} \Big/ \dfrac{0.1}{\sqrt{3}} \Big/ \dfrac{0.1}{\sqrt{3}} \Big/ 0.1$kV 0.2/0.5（3P）/0.5（3P）/3P，10/10/10/10VA 附可拆卸隔离断口			
		电缆筒，1套			
		间隔绝缘盆、法兰等附件			
		隔离开关、接地开关需带微动开关，2只			
4	110kV智能组合电器	户内SF$_6$气体绝缘全密封（GIS）	套	1	母联间隔
		三相共箱布置			
		126kV，3150A，40kA/3s			
		每套含：			
		断路器，3150A，40kA/3s，1台			
		隔离开关：3150A，40kA/3s，2组			
		接地开关：3150A，40kA/3s，2组			

续表

序号	名　称	型　号　及　规　格	单位	数量	备　注
		电流互感器：1000～2000/1A，0.2S/5P30，5/15VA，3 只			
		间隔绝缘盆、法兰等附件			
		隔离开关、接地开关需带微动开关，2 只			
5	110kV 智能组合电器	户内 SF$_6$ 气体绝缘全密封（GIS）	套	2	母线设备间隔
		三相共箱布置			
		126kV，3150A，40kA/3s			
		每套含：			
		隔离开关：3150A，40kA/3s，1 组			
		接地开关：3150A，40kA/3s，1 组			
		快速接地开关：40kA/3s，1 组			
		电压互感器（三相）：$\dfrac{110}{\sqrt{3}}\Big/\dfrac{0.1}{\sqrt{3}}\Big/\dfrac{0.1}{\sqrt{3}}\Big/\dfrac{0.1}{\sqrt{3}}\Big/$0.1kV，0.2/0.5（3P）/0.5（3P）/3P，10/10/10/10VA			
		间隔绝缘盆、法兰等附件			
		隔离开关、接地开关需带微动开关，2 只			
6	110kV 智能组合电器	户内 SF$_6$ 气体绝缘全密封（GIS）	套	6	预留电缆出线间隔
		三相共箱布置			
		126kV，3150A，40kA/3s			
		每套含：			
		隔离开关：3150A，40kA/3s，2 组			
		接地开关：3150A，40kA/3s，1 组			
		间隔绝缘盆、法兰等附件			
		隔离开关、接地开关需带微动开关，2 只			
7	110kV 智能组合电器	户内 SF$_6$ 气体绝缘全密封（GIS）	套	1	预留主变间隔
		三相共箱布置			
		126kV，3150A，40kA/3s			
		每套含：			

续表

序号	名　称	型　号　及　规　格	单位	数量	备　注
		隔离开关：3150A，40kA/3s，2组			
		接地开关：3150A，40kA/3s，1组			
		间隔绝缘盆、法兰等附件			
		隔离开关、接地开关需带微动开关，2只			
8	110kV智能组合电器主母线	户内SF₆气体绝缘全密封（GIS）	m	4	
		三相共箱布置			
9	110kV氧化锌避雷器	瓷柱式	台	12	1MOA－102/266－40
		标称放电电流：10kA，额定电压102kV			
		标称雷电冲击电流下的最大残压266kV			
		外绝缘爬电距离：3150mm			
		附智能状态在线监测装置，1套			
10	钢芯铝绞线	LGJ－630/55	m	80	总长度
		2×（LGJ－630/55）	组/三相	2	110kV主变进线套管引下线
11	双软导线间隔棒	MRJ－6/200	套	6	
12	T型线夹	TY－630/55	套	12	
13	0°双导线铝设备线夹	SSY－630A/55	套	6	
14	钢芯铝绞线	LGJ－300/40	m	120	总长度
		LGJ－300/40	组/三相	4	110kV架空出线套管、避雷器引下线
15	0°铝设备线夹	SY－300/40A	套	12	
16	0°铜铝过渡设备线夹	SYG－300/40A	套	12	
17	T型线夹	TY－300/40	套	24	
18	铜排	－30×4	m	120	
19	圆铜棒	ϕ16　L=150mm	套	12	
20	角钢	－63×5　L=150mm	套	24	
21	镀锌扁钢	－80×8	m	—	开列在防雷接地卷册
（四）	10kV配电装置部分				
1	10kV开关柜	金属铠装移开式高压开关柜	台	4	主变进线柜

续表

序号	名　称	型　号　及　规　格	单位	数量	备　注
		真空断路器，12kV，4000A，40kA，1 台			
		带电显示器，1 套			
		柜宽 1000mm			
2	10kV 开关柜	金属铠装移开式高压开关柜	台	4	主变隔离柜
		隔离手车，12kV，4000A，40kA，1 台			
		电流互感器：4000/1A，5P30/5P30/0.2S/0.2S，15/15/15/5VA，3 只			
		带电显示器，1 套			
		柜宽 1000mm			
3	10kV 开关柜	金属铠装移开式高压开关柜	台	24	电缆出线柜
		真空断路器，12kV，1250A，31.5kA，1 台			
		电流互感器：800/1A，5P30/0.2/0.2S，15/15/5VA，3 只			
		接地开关：31.5kA/4s，1 组			
		避雷器：17/45kV，3 只			
		带电显示器，1 套			
		零序电流互感器 Φ170 100/1A			
		柜宽 800mm			
4	10kV 开关柜	金属铠装移开式高压开关柜	台	6	电容器出线柜
		SF_6 断路器或相控式开关，12kV，1250A，31.5kA，1 台			
		电流互感器：800/1A，5P30/0.2/0.2S，15/15/5VA，3 只			
		接地开关：31.5kA/4s，1 组			
		避雷器：17/45kV，3 只			
		带电显示器，1 套			
		零序电流互感器 Φ170 100/1A			
		柜宽 800mm			
5	10kV 开关柜	金属铠装移开式高压开关柜	台	4	电抗器出线柜
		真空断路器，12kV，1250A，31.5kA，1 台			
		电流互感器：800/1A，5P30/0.2/0.2S，15/15/5VA，3 只			

续表

序号	名 称	型 号 及 规 格	单位	数量	备 注
		接地开关：31.5kA/4s，1组			
		避雷器：17/45kV，3只			
		带电显示器，1套			
		零序电流互感器 ϕ170 100/1A			
		柜宽 800mm			
6	10kV 开关柜	金属铠装移开式高压开关柜	台	2	接地变消弧线圈出线柜
		真空断路器，12kV，1250A，31.5kA，1台			
		电流互感器：800/100/100/1A，5P30/0.2/0.2S，15/15/5VA，3只			
		接地开关：31.5kA/4s，1组			
		避雷器：17/45kV，3只			
		带电显示器，1套			
		柜宽 800mm			
7	10kV 开关柜	金属铠装移开式高压开关柜	台	4	母线设备柜
		隔离手车，12kV，1250A，31.5kA，1台			
		电压互感器：0.2/0.5（3P）/3P/3P，50/50/50/100VA，$\frac{10}{\sqrt{3}}/\frac{0.1}{\sqrt{3}}/\frac{0.1}{\sqrt{3}}/\frac{0.1}{\sqrt{3}}/\frac{0.1}{\sqrt{3}}$kV			
		避雷器：17/45kV，3只			
		附消谐装置			
		熔断器：0.5/25kA			
		带电显示器，1套			
		柜宽 1000mm			
8	10kV 开关柜	金属铠装移开式高压开关柜	台	1	分段开关柜
		真空断路器，12kV，4000A，40kA，1台			
		电流互感器：4000/1A，5P30/0.2，15/15VA，3只			
		带电显示器，1套			
		柜宽 1000mm			

续表

序号	名 称	型 号 及 规 格	单位	数量	备 注
9	10kV 开关柜	金属铠装移开式高压开关柜	台	2	分段隔离柜
		隔离手车，12kV，4000A，40kA，1 台			
		带电显示器，1 套			
		柜宽 1000mm			
10	主变进线母线桥	12kV，4000A	m	30	
11	穿墙套管	CWW－24/4000A	只	6	
12	穿墙套管安装材料		套	2	
	每套含：				
	钢板	$L＝8$ 1800×1000	块	1	
	螺栓	M12×60	套	12	
13	接地变消弧线圈成套装置	10kV 户内组合柜式，预调式，干式	套	2	
		接地变：1000/315kVA，10.5±2×2.5％/0.4kV，Zyn11 接线			
		消弧线圈 630kVA			
		外绝缘爬电距离：240mm			
14	10kV 电力电缆	YJV22－8.7/15－3×240	m	100	
15	10kV 电力电缆终端	与 YJV22－8.7/15－3×240 电缆配套，户内，冷缩，铜	套	4	10kV 接地变柜及接地变消弧线圈侧
（五）	10kV 无功补偿装置部分				
一、10kV 并联电容器成套装置					
1	10kV 并联电容器	户内高压并联电容器成套装置	套	6	
		容量 8Mvar，额定电压：10.5kV，最高运行电压：12kV			
		含：四极隔离开关、电容器、铁芯电抗器			
		放电电压互感器、避雷器、端子箱等			
		配不锈钢网门及电磁锁			
		标称容量：8Mvar			
		单台容量 334kvar，配内熔丝			
		爬电距离：240mm			
2	10kV 电力电缆	YJV22－8.7/15－3×185	m	1000	

续表

序号	名　称	型　号　及　规　格	单位	数量	备　注
3	10kV电力电缆终端	与YJV22-8.7/15-3×185电缆配套，户内，冷缩，铜	套	24	10kV电容器柜及电容器侧
4	铜排	TMY-63×6.3	m	12	
5	不锈钢电缆抱箍	与YJV22-8.7/15-3×185电缆配套	套	12	热镀锌、现场制作
二、10kV并联电抗器					
1	10kV并联电抗器	干式，户内布置，BKSC-10000/10	台	4	
2	10kV电力电缆	YJV22-8.7/15-3×185	m	720	
3	10kV电力电缆终端	与YJV22-8.7/15-3×185电缆配套，户内，冷缩，铜	套	16	10kV电抗器柜及电抗器侧
4	铜排	TMY-63×6.3	m	40	
5	不锈钢电缆抱箍	与YJV22-8.7/15-3×185电缆配套	套	8	热镀锌、现场制作
6	支柱绝缘子	ZSW-24/12.5-4	只	12	
（六）	防雷接地部分				
1	热镀锌扁钢	-60×8	m	4950	
2	热镀锌扁钢	-80×8	m	1300	
3	热镀锌角钢	-63×6　L=2500mm　垂直接地极	根	250	
4	铜排	-30×4	m	700	
5	绝缘子	WX-01	个	875	
6	放热焊点		个	250	
7	多股软铜芯电缆	120mm^2	m	60	配铜鼻子
8	多股软铜芯电缆	100mm^2	m	300	配铜鼻子
9	多股软铜芯电缆	50mm^2	m	40	配铜鼻子
10	多股软铜芯电缆	40mm^2	m	300	配铜鼻子
11	热镀锌圆钢	ϕ12	m	700	
12	热镀锌扁钢	-20×4×240	套	800	
13	热镀锌扁钢	-20×4	m	200	
14	断线卡及断线头保护盒		套	28	
15	临时接地端子		套	52	
（七）	照明动力部分				

续表

序号	名　称	型　号　及　规　格	单位	数量	备　注
1	照明配电箱	PXT(R)-	个	6	具体尺寸见相关图纸
2	动力配电箱	PXT(R)-	个	2	具体尺寸见相关图纸
3	事故照明配电箱		个	1	
4	应急疏散照明电源箱		个	2	
5	户内检修电源箱		个	13	
6	户外检修电源箱	ZXW - 2/3	个	3	
7	安全照明变压器箱（隧道照明）	1.5kVA，220/24V	个	1	
8	防眩泛光灯	AC 220V，200W，灯头旋转角度上下土 25°，水平 180°灯头银灰色，镀锌钢管支架	套	32	
9	防眩投光灯	AC 220V，250W，金卤灯	套	6	
10	门垛灯	AC 220V，1×60W，含灯源	套	2	
11	防水防潮防爆灯	24V，24W，含灯源	套	14	
12	防水防潮吸顶灯	AC 220V，60W，含节能灯	套	32	
13	防水防潮防腐壁灯	AC 220V，60W，含节能灯	套	32	
14	防尘吸顶灯	AC 220V，40W，含节能灯	套	31	
15	LED 节能双管灯	AC 220V，2×20W	套	83	
16	事故照明壁灯	AC 220V，60W，含节能灯	套	61	
17	LED 防水防潮吸顶灯	AC 220V，40W	套	21	
18	防眩泛光灯具	AC 220V，1×150W，金卤灯	套	37	
19	防爆灯	AC 220V，40W，含节能灯	套	6	
20	LED 安全出口指示灯	DC 36V，2W，120min 带蓄电池	套	17	
21	LED 疏散方向指示灯	DC 36V，2W，120min 带蓄电池	套	91	
22	消防应急灯	DC 36V，6＋6W，120min 带蓄电池	套	20	
23	门铃		套	1	
24	暗装单联双控翘板开关	AC 250V，16A，带指示灯	个	30	
25	暗装双联双控翘板开关	AC 250V，16A，带指示灯	个	20	
26	暗装单联防水防溅单控开关	AC 250V，16A，带指示灯	个	15	

续表

序号	名　称	型　号　及　规　格	单位	数量	备　注
27	暗装单联单控翘板开关	AC 250V，16A，带指示灯	个	27	
28	暗装单联防水防溅双控开关	AC 250V，16A，带指示灯	个	4	
29	暗装单联防水防溅单控开关	AC 250V，16A，带指示灯	个	1	
30	柜式冷暖空调插座箱	内设 380V，25A 四孔插座及 1 个空开	个	6	
31	柜式冷暖空调防爆插座箱	内设 380V，25A 四孔插座及 1 个空开	个	2	
32	暗装二、三孔插座	AC 250V，16A，带开关	个	27	
33	暗装电暖气插座	AC 250V，16A，带开关		20	
34	暗装电暖气防爆插座	AC 250V，16A，带开关		2	
35	暗装壁挂空调、热水器插座	AC 250V，16A，带开关		7	
36	电力电缆	ZR－VV22－0.6/1.0kV－3×240＋1×120	m	250	
37	电力电缆	ZR－VV22－0.6/1.0kV－3×35＋1×16	m	870	
38	电力电缆	ZR－VV22－0.6/1.0kV－4×50	m	120	
39	电力电缆	ZR－VV22－0.6/1.0kV－4×25	m	150	
40	电力电缆	ZR－VV22－0.6/1.0kV－4×16	m	890	
41	电力电缆	ZR－VV22－0.6/1.0kV－2×10	m	100	
42	电力电缆	ZR－VV22－0.6/1.0kV－3×6	m	20	
43	电力电缆	ZR－VV22－0.6/1.0kV－3×4	m	400	
44	电力电缆	ZR－VV22－0.6/1.0kV－5×6	m	600	
45	耐火铜芯聚氯乙烯绝缘电线	NH－BV－500 2.5mm^2	m	2000	
46	铜芯聚氯乙烯绝缘电线	BV－500 6mm^2	m	2100	
47	铜芯聚氯乙烯绝缘电线	BV－500 4mm^2	m	8330	
48	铜芯聚氯乙烯绝缘电线	BV－500 2.5mm^2	m	1350	
49	镀锌钢管	DN100	m	60	
50	镀锌钢管	DN50	m	930	
51	镀锌钢管	DN32	m	600	
52	镀锌钢管	DN25	m	1400	
53	PVC管	ϕ25	m	1200	

续表

序号	名　称	型　号　及　规　格	单位	数量	备　注
54	PVC 管	ϕ20	m	1500	
55	户内分线盒		个	770	
56	户外分线盒		个	80	
57	接地扁钢	－80×8	m	—	开列于防雷接地卷册
（八）	电缆敷设及防火材料				
一、防火封堵					
1	无机速固防火堵料	WSZD	t	10	
2	有机可塑性软质防火堵料	RZD	t	6	
3	阻火模块	240×120×60	m³	12	
4	防火包（阻火包）	240×120×30（60×60×30）	m³	3	两种规格可单用，亦可混合用
5	防火涂料		t	2	
6	防火隔板		m²	400	
7	防火网		m²	100	
8	角钢	L50×50×5	m	100	
9	扁钢	－60×6	m	100	
二、电缆敷设					
1	详见 JB－220－A3－2－D0112－16				

表 8－5　电气二次主要设备材料清册

序号	设备名称	型号及规格	单位	数量	备　注
一	电气二次线部分				
1	计算机监控系统				
	一体化监控平台软件	含：系统软件、监控软件、高级应用、一键顺控等	套	1	
	监控主机兼操作员及工程师工作站		台	2	
	综合应用服务器柜	每面含：1 台综合应用服务器	面	1	布置在二次设备室
	智能防误主机柜	每面含：1 台智能防误主机	面	1	布置在二次设备室
	Ⅰ区数据通信网关机柜	每面含：2 台通信网关机兼图形网关机	面	1	布置在二次设备室

续表

序号	设 备 名 称	型 号 及 规 格	单位	数量	备 注
	Ⅱ、Ⅲ/Ⅳ区数据通信网关机柜	每面含：2台Ⅱ区通信网关机、1台Ⅲ/Ⅳ区通信网关机	面	1	布置在二次设备室
	站控层网络通信柜	每面含：通信管理机1台，交换机6台	面	1	布置在二次设备室
	站用公用测控柜	每面含：公用测控装置2台	面	1	布置在二次设备室
	220kV公用测控柜	每面含：公用测控装置2台，交换机4台	面	1	布置在220kV二次设备室内
	110kV公用测控柜	每面含：公用测控装置2台，交换机4台	面	1	布置在二次设备室
	主变测控柜	每面含：测控装置5台	面	2	布置在二次设备室
	220kV线路、母联（分段）测控装置		台	7	安装在各间隔智能控制柜内
	10kV间隔层交换机	24电口，2光口	台	8	安装在10kV PT开关柜上
	10kV PT并列装置		台	2	安装在10kV分段隔离柜上
	微机五防锁具	按本期规模配置	套	1	
	激光打印机		台	2	
	音响报警装置		套	2	
	10kV母线测控装置		台	4	安装在开关柜上
	10kV线路保护测控装置		台	24	安装在开关柜上
	10kV电容器保护测控装置		台	6	安装在开关柜上
	10kV电抗器保护测控装置		台	4	安装在开关柜上
	10kV接地变保护测控装置		台	2	安装在开关柜上
	10kV分段保护测控备自投装置		台	1	安装在开关柜上
2	合并单元				
	主变220kV合并单元		台	4	安装在主变高压侧智能组件柜上
	220kV线路合并单元		台	8	安装在各间隔智能组件柜上
	220kV母联（分段）合并单元		台	6	安装在各间隔智能组件柜上
	220kV PT合并单元		台	2	安装在PT智能组件柜上
	110kV PT合并单元		台	2	安装在PT智能组件柜上
3	智能终端				
	主变220kV智能终端		台	4	安装在主变高压侧智能组件柜上

续表

序号	设 备 名 称	型 号 及 规 格	单位	数量	备　注
	主变本体智能终端及非电量保护		套	2	安装在主变本体就地控制柜上
	220kV 线路智能终端		台	8	安装在各间隔智能组件柜上
	220kV 母联（分段）智能终端		台	6	安装在各间隔智能组件柜上
	220kV PT 智能终端		台	3	安装在 PT 智能组件柜上
	110kV PT 智能终端		台	2	安装在 PT 智能组件柜上
4	合并单元/智能终端一体化装置				
	主变 10kV 合并单元/智能终端一体化装置		台	8	安装在主变 10kV 进线开关柜上
	主变 110kV 合并单元/智能终端一体化装置		台	4	安装在主变中压侧智能组件柜上
	110kV 线路合并单元/智能终端一体化装置		台	6	安装在各间隔智能组件柜上
	110kV 母联合并单元/智能终端一体化装置		台	1	安装在各间隔智能组件柜上
5	过程层交换机				
	220kV 过程层交换机	12 光口	台	14	安装在各间隔智能控制柜上
	主变高压侧过程层交换机	12 光口	台	4	安装在主变间隔智能控制柜上
	主变中压侧过程层交换机	16 光口	台	4	安装在主变间隔智能控制柜上
	220kV 过程层中心交换机	16 光口（含 3 个 1000Mbps 光口）	台	4	安装在 220kV 母线保护柜上
	110kV 过程层中心交换机柜	含 110kV 过程层中心交换机 6 台	面	1	
6	同步对时系统				
	同步对时屏	每面含：同步对时主机 2 台	面	1	布置在二次设备室
	同步对时扩展屏	每面含：同步对时扩展装置 2 台	面	1	布置于 220kV 二次设备室内
7	主变保护屏	每面含：主变保护装置 1 台	面	4	布置在二次设备室
8	交直流一体化系统				
	380V 配电柜	2 面交流进线柜，4 面交流馈线柜	面	6	布置在二次设备室
	事故照明柜		面	1	布置在二次设备室

续表

序号	设 备 名 称	型 号 及 规 格	单位	数量	备 注
	直流柜	2面充电机柜，6面馈线柜，1面联络柜，2面直流分电屏	面	11	2面直流分电屏布置于220kV二次设备室内，其他屏柜布置在二次设备室
	UPS主机及馈线柜	柜内含：15kVA UPS电源1台	面	2	布置在二次设备室
	48V通信电源及馈线柜	含：DC/DC转换装置1台	面	2	布置在二次设备室
9	蓄电池组		组	2	布置在蓄电池室
	阀控密封铅酸蓄电池	800Ah，2V	只	208	
10	电度表屏				
	220kV线路电度表	数字式电度表0.5S级	块	4	安装在本间隔220kV线路智能控制柜上
	110kV线路电度表	数字式电度表0.5S级	块	6	安装在110kV线路智能控制柜上
	10kV线路电度表		块	24	安装在开关柜上
	10kV电容器电度表		块	6	安装在开关柜上
	10kV电抗器电度表		块	4	安装在开关柜上
	10kV接地变电度表		块	2	安装在开关柜上
	所变低压侧电度表	全电子式电度表0.5S级	块	2	安装在低压盘上
11	主变消防系统	水喷雾	套	1	
12	辅助设备智能监控系统				
12.1	一次设备在线监测子系统	含后台主机、视频监控服务器、机架式液晶显示器、交换机、横向隔离装置等，组屏1面	1	套	
	变压器在线监测系统	包含油色谱在线监测装置	1	套	
	避雷器在线监测系统		1	套	
	后台计算机处理系统	后台计算机处理系统	1	面	
12.2	火灾消防子系统	包括消防信息传输控制单元及柜体1面、模拟量变送器等设备，配合火灾自动报警系统，实现站内火灾报警信息的采集、传输和联动控制	1	套	
12.3	安全防卫子系统	配置安防监控终端、防盗报警控制器、门禁控制器、电子围栏、红外双鉴探测器、红外对射探测器、声光报警器、紧急报警按钮等设备	1	套	
12.4	动环子系统	包括环监控终端、空调控制器、照明控制器、除湿机控制箱、风机控制器、水泵控制器、温湿度传感器、微气象传感器、水浸传感器、水位传感器、绝缘气体监测传感器等设备	1	套	

续表

序号	设 备 名 称	型 号 及 规 格	单位	数量	备 注
12.5	智能锁控子系统	由锁控监控终端、电子钥匙、锁具等配套设备组成。一台锁控控制器、四把电子钥匙集中部署，并配置一把备用紧急解锁钥匙	套	1	
12.6	智能巡视子系统	含智能巡视主机、硬盘录像机及摄像机等前端设备，支持枪型摄像机、球型摄像机、高清视频摄像机、红外热成像摄像机、声纹监测装置及巡检机器人等设备的接入，实现变电站巡视数据的集中采集和智能分析	套	1	
13	故障录波及网络记录分析系统				
	网络分析记录仪主机柜	主机及分析软件和1台MMS网络记录仪	面	1	
	220kV网络报文分析屏	含网络分析装置2台	面	1	
	110kV网络报文分析屏	含网络分析装置2台	面	1	
	主变故障录波屏	含故障录波装置2台	面	1	
	220kV故障录波屏	含故障录波装置2台	面	1	
	110kV故障录波屏	含故障录波装置1台	面	1	
14	辅助材料				
	接地铜缆	≥100mm²	m	500	
	小母线		m	800	
15	控制电缆	ZR－KVVP2－22	m	20928	
		ZR－KVVP2－22－4×4	m	9547	
		ZR－KVVP2－22－7×4	m	757	
		ZR－KVVP2－22－10×4	m	175	
		ZR－KVVP2－22－4×2.5	m	3181	
		ZR－KVVP2－22－7×2.5	m	800	
		ZR－KVVP2－22－14×2.5	m	70	
		ZR－KVVP2－22－4×1.5	m	2687	
		ZR－KVVP2－22－7×1.5	m	2745	
		ZR－KVVP2－22－10×1.5	m	473	
		ZR－KVVP2－22－14×1.5	m	563	
16	低压电力电缆	ZR－VV22	m	3801	
		ZR－VV22－2×6	m	1181	

续表

序号	设 备 名 称	型 号 及 规 格	单位	数量	备 注
		ZR－VV22－2×35	m	1060	
		ZR－VV22－1×240	m	130	
		ZR－VV22－3×6＋1×4	m	90	
		ZR－VV22－3×10＋1×6	m	170	
		ZR－VV22－3×16＋1×10	m	1170	
17	铠装多模预制光缆		m	4827	
		12芯多模铠装预制光缆（ST－ST）	m	1030	
		4芯多模铠装预制光缆（ST－ST）	m	3797	
	光缆连接器		台	100	
	免熔接光配	MR－3S/12ST	台	28	
		MR－2S/24ST	台	12	
18	铠装多模尾缆		m	5728	监控厂家提供
		12芯多模尾缆（ST－LC）	m	40	
		12芯多模尾缆（ST－ST）	m	25	
		8芯多模尾缆（LC－LC）	m	1247	
		8芯多模尾缆（ST－LC）	m	233	
		4芯多模尾缆（LC－LC）	m	1191	
		4芯多模尾缆（ST－LC）	m	1134	
		4芯多模尾缆（ST－ST）	m	2448	
19	4芯单模尾缆	GYFTZY－4	m	360	保护厂家提供
20	光缆槽盒	要求防火，250mm×100mm	m	1500	
21	10芯铠装同轴电缆		m	200	
22	铠装超五类屏蔽双绞线		m	4824	监控厂家提供
23	制造厂提供电缆		m	5000	仅列安装费
24	火灾系统及图像监视安全及警卫系统用钢管	$\phi 32$	m	1750	
25	在线监测系统埋管	$\phi 50$	m	200	

续表

序号	设 备 名 称	型 号 及 规 格	单位	数量	备 注
26	MIS 管理机		台	1	
27	智能变电站过程层光缆智能标签生成及解析		套	1	
二	系统保护部分				
(一)	220kV 系统				
1	220kV 线路保护装置 1		台	4	安装在本间隔智能控制柜上
	220kV 线路保护装置 2		台	4	安装在本间隔智能控制柜上
	220kV 线路保护接口柜	每面含：4 台通信接口装置	面	2	
2	220kV 母联/分段保护装置		台	6	安装在本间隔智能控制柜上
3	220kV 母线保护柜	每面含：母线保护装置 1 台	面	2	布置在 220kV 二次设备室
(二)	110kV 系统				
1	110kV 线路保护测控装置		台	6	安装在本间隔智能控制柜上
2	110kV 母联保护测控装置		台	1	安装在本间隔智能控制柜上
3	110kV 母线保护柜	每面含：母线保护装置 1 台	面	1	布置在二次设备室
三	调度自动化部分				
(一)	变电站设备				
1	电量计费系统				
	主变电能表屏	含 0.5S 数字输入式电能表 8 块	面	1	布置在二次设备室
	电能表及电度能量采集屏	含电量采集终端 1 台，预留 4 块 3 号主变电能表位置	面	1	布置在二次设备室
2	调度数据网屏 1	每面含：交换机 2 台、路由器 1 台	面	1	布置在二次设备室
3	调度数据网屏 2	每面含：交换机 2 台、路由器 1 台	面	1	布置在二次设备室
(二)	二次系统安全防护				
	纵向加密认证装置		台	4	安装在调度数据网屏内
	硬件防火墙		套	2	
	正向隔离装置		台	1	
	反向隔离装置		台	1	
	网络安全监测装置		套	1	
	二次系统安全防护与信息安全测评调试		套	1	

表 8-6   土建主要设备材料清册

序号	设 备 名 称	型 号 及 规 格	单位	数量	备 注
一	给水部分				
1	衬塑镀锌钢管	DN100	m	80	
2	闸阀	DN100，$P_N=1.6MPa$	只	2	
3	防污隔断阀	DN100，$P_N=1.6MPa$	只	1	
4	水表	DN100，水平旋翼式，$P_N=1.0MPa$	只	1	
5	水表井	砖砌，$A×B=2350×1300$	座	1	
6	阀门井	$\Phi1000$	座	1	
二	排水部分				
1	焊接钢管	D325×6	m	70	
2	PE双壁波纹管	DN200，环刚度≥8kN/m²	m	108	
3	PE双壁波纹管	DN300，环刚度≥8kN/m²	m	105	
4	PE双壁波纹管	DN400，环刚度≥8kN/m²	m	65	
5	PE双壁波纹管	DN500，环刚度≥8kN/m²	m	61	
6	混凝土雨水检查井	$\Phi1000$	座	20	
7	混凝土污水检查井	$\Phi1000$	座	3	
8	热镀锌钢管	DN200	m	25	
9	UPVC排水管	DN300	m	22	
10	铸铁井盖及井座	$\Phi1000$，重型	套	27	
11	化粪池	4♯钢筋混凝土	座	1	
12	单算雨水口	680×380	个	35	
13	一体化预制雨水泵站	5m×6m×5.25m	座	1	
三	消防部分				
1	消防水泵	XBD 9.0/80GJ-HRJC，$Q=80L/s$，$H=90m$	台	2	
2	消防水泵配套电机	$U=380V$，$N=110kW$	台	2	
3	自动巡检装置				

续表

序号	设 备 名 称	型 号 及 规 格	单位	数量	备 注
4	消防增压给水设备				
5	气压罐	$\phi 800 \times 1.6$	个	1	
6	稳压泵	XBD10.0/5G-G，$Q=5L/s$，$H=100m$，$N=11kW$	台	2	
7	装配式消防水箱	不锈钢，$A \times B \times H=2000 \times 1500 \times 2000$	台	1	
8	闸阀	DN250，$P_N=1.6MPa$	只	7	
9	闸阀	DN150，$P_N=1.6MPa$	只	1	
10	闸阀	DN80，$P_N=1.6MPa$	只	1	
11	闸阀	DN65，$P_N=1.6MPa$	只	3	
12	闸阀	DN50，$P_N=1.6MPa$	只	4	
13	电动闸阀	DN150，$P_N=1.6MPa$	只	1	
14	止回阀	DN250，$P_N=1.6MPa$	只	3	
15	液压水位控制阀	DN100，$P_N=1.6MPa$	只	1	
16	泄压阀	DN150，$P_N=1.6MPa$	只	1	
17	流量检测装置	计量精度 0.4 级	个	3	
18	压力检测装置	计量精度 0.5 级	个	1	
19	自动排气阀	DN25	个	2	
20	电接点压力表	0~1.6MPa	个	4	
21	压力控制器	0~1.6MPa	个	1	
22	可曲挠橡胶接头	DN250，1.6MPa	个	3	
23	可曲挠橡胶接头	DN50，1.6MPa	个	3	
24	水箱磁浮子液位计	UHK5	个	1	
25	冷水水表	DN50，1.0MPa	个	1	
26	雨淋阀组	DN250，$P_N=1.6MPa$	套	2	
27	信号蝶阀	DN250，$P_N=1.6MPa$	个	4	
28	蝶阀（带自锁装置）	DN250，$P_N=1.6MPa$	个	4	

续表

序号	设 备 名 称	型 号 及 规 格	单位	数量	备 注
29	Y 型过滤器	DN250，$P_N=1.6\text{MPa}$	个	1	
30	不锈钢过滤网		个	2	
31	管道吊支架（镀锌）		t	0.5	
32	镀锌钢管	DN250	m	70	
33	镀锌钢管	DN150	m	3	
34	镀锌钢管	DN80	m	25	
35	镀锌钢管	DN65	m	10	
36	镀锌钢管	DN50	m	15	
37	潜水排污泵	$Q=25\text{m}^3/\text{h}$，$H=20\text{m}$，$N=3\text{kW}$	台	2	
38	闸阀	DN80，$P_N=1.0\text{MPa}$	只	2	
39	止回阀	DN80，$P_N=1.0\text{MPa}$	只	2	
40	镀锌钢管	DN200	m	4	
41	镀锌钢管	DN150	m	10	
42	镀锌钢管	DN100	m	15	
43	镀锌钢管	DN80	m	10	
44	镀锌钢管	DN65	m	5	
45	PVC-U 排水管	De75	m	8	
46	地漏	De75	个	1	
47	吸水喇叭口及支架	$\phi159\times4.5$	个	1	
48	手动单轨吊车	起重 3t，起升高度 6m	台	1	
49	室外消火栓	SS100/65-1.6 型，出水口联接为内扣式	套	6	
50	合成型泡沫喷雾灭火设备	储液罐 $V=14\text{m}^3$，包括储液罐、动力瓶组、驱动装置、放空阀等	套	1	
51	水喷雾喷头	ZSTWB16/120	只	48	
52	水喷雾喷头	ZSTWB53/120	只	88	
53	水喷雾喷头	ZSTWB53/90	只	36	

续表

序号	设 备 名 称	型 号 及 规 格	单位	数量	备 注
54	水喷雾喷头	ZSTWB67/90	只	14	
55	镀锌钢管	DN250	m	110	
56	镀锌钢管	DN150	m	290	
57	镀锌钢管	DN65	m	170	
58	镀锌钢管	DN25	m	20	
59	室外消火栓	SS100/65-1.6型，出水口联接为内扣式	套	6	
60	地下式消防水泵接合器	SQX100A型，DN100	套	6	
61	钢筋混凝土阀门井	ϕ1400mm	座	1	
62	钢筋混凝土阀门井	ϕ1200mm	座	5	
63	铸铁井盖及井座	ϕ800，重型	套	4	
64	消防沙箱	1m^3，含消防铲、消防桶等	套	3	
65	闸阀	DN250，P_N=1.6MPa	只	5	
66	闸阀	DN150，P_N=1.6MPa	只	4	
67	铜截止阀	DN32，P_N=1.6MPa	只	3	
68	止回阀	DN150，P_N=1.6MPa	只	4	
69	镀锌钢管	DN250	m	550	
70	镀锌钢管	DN150	m	20	
71	镀锌钢管	DN100	m	40	
72	镀锌钢管	DN50	m	10	
73	镀锌钢管	DN32	m	20	
	室内消火栓	SN65	套	20	
	室内试验消火栓	SN65	套	2	
	蝶阀（带自锁装置）	DN100，P_N=1.0MPa	个	20	
	蝶阀（带自锁装置）	DN65，P_N=1.0MPa	个	4	
	排气阀	ZSFP15	个	4	

续表

序号	设 备 名 称	型 号 及 规 格	单位	数量	备 注
	镀锌钢管	DN100	m	295	
	镀锌钢管	DN65	m	45	
	电伴热	1kW	套	8	
	推车式灭火器	磷酸铵盐干粉（ABC），MFT－50	具	2	
	推车式灭火器	磷酸铵盐干粉（ABC），MF－5	具	4	
	推车式灭火器	磷酸铵盐干粉（ABC），MFT－20	具	4	
	手提式干粉灭火器	4kg/具	具	82	
74	手提式干粉灭火器	5kg/具	具	6	
75	超细干粉灭火装置	5kg/具	具	85	
四	暖通				
1	低噪声轴流风机	风量：2480m³/h，静压：73Pa	台	2	
		电源：380V/50Hz，电机功率：0.12kW			
2	低噪声轴流风机	风量：11682m³/h，静压：186Pa	台	6	
		电源：380V/50Hz，电机功率：1.1kW			
3	低噪声轴流风机	风量：3920m³/h，静压：88Pa	台	3	
		电源：380V/50Hz，电机功率：0.15kW			
4	低噪声轴流风机	风量：6920m³/h，静压：142Pa	台	13	
		电源：380V/50Hz，电机功率：0.37kW			
5	低噪声轴流风机	风量：15297m³/h，静压：220Pa	台	2	
		电源：380V/50Hz，电机功率：1.5kW			
6	防爆轴流风机	风量：1230m³/h	台	2	
		电源：380V/50Hz，电机功率：0.12kW			
7	低噪声轴流风机	电源：380V/50Hz，电机功率：0.18kW	台	1	
		风量：4080m³/h，静压：121Pa			
8	分体柜式空调机	功率：2.45kW，制冷/制热量：7.6/8.5kW	台	1	

续表

序号	设 备 名 称	型 号 及 规 格	单位	数量	备 注
9	分体柜式空调机	规格：9.62kW，制冷量：2.5kW	台	4	
10	分体柜式空调机	规格：7.55kW，制冷/制热量：12.5/14.5kW	台	4	
11	冷暖壁挂式空调机	规格：1.5kW，制冷/制热量：3.5/3.9kW	台	2	
12	防爆分体柜式空调	规格：2.5kW，制冷/制热量：7.1/8kW	台	2	
13	电取暖器	制热量：2.0kW，电源：220V，50Hz	台	6	
14	电取暖器	制热量：2.5kW，电源：220V，50Hz	台	6	
15	电取暖器（防爆型）	制热量：2.0kW，电源：220V，50Hz	台	4	
16	吸顶式换气扇	风量：90m³/h，风压：96Pa	台	2	
17	单层防雨百叶风口	规格：直径110mm，不锈钢制作	个	2	
18	玻璃钢圆形风管	规格：直径100mm	m	2	
19	保温密闭型电动百叶窗	规格：1500mm×600mm（高）	套	18	
20	单层百叶式风口	规格：800mm×700mm（高）铝合金	套	4	
21	单层百叶式风口	规格：800mm×400mm（高）铝合金	套	4	
22	单层百叶式风口	规格：1200mm×800mm（高）铝合金	套	2	
23	镀锌钢板	规格：厚0.75mm	m²	210	
24	防火阀	规格：1500mm×600mm，阀厚320mm，一侧设铝合金百叶风口，常开型	个	4	
25	防火阀	规格：350mm×350mm	个	2	

第9章 JB－110－A3－2通用设计实施方案

9.1 JB－110－A3－2方案设计说明

本实施方案主要设计原则详见方案主要技术条件表9－1。

表9－1   JB－110－A3－2方案主要技术条件表

序号	项 目		技 术 条 件
1	建设规模	主变压器	本期2台50MVA，远期3台50MVA
		出线	110kV：本期2回，远期3回； 35kV：本期8回，远期12回； 10kV：本期16回，远期24回
		无功补偿装置	每台主变压器10kV侧本期及远期配置2组无功补偿装置，按照（3.6Mvar＋4.8Mvar）电容器配置
2	站址基本条件		海拔小于1000m，设计基本地震加速度0.10g，设计风速不大于30m/s，地基承载力特征值f_{ak}＝150kPa，无地下水影响，场地同一设计标高
3	电气主接线		110kV本期采用内桥接线，远景采用扩大内桥接线； 35kV本期采用单母线分段接线，远景采用单母线三分段接线； 10kV本期采用单母线分段接线，远景采用单母线三分段接线
4	主要设备选型		110kV、35kV、10kV短路电流控制水平分别为40kA、31.5kA、31.5kA； 主变压器采用户外三绕组、有载调压电力变压器；110kV采用户外GIS；35kV、10kV采用开关柜；10kV并联电容器采用框架式
5	电气总平面及配电装置		主变压器户外布置； 110kV：户外GIS，电缆架空混合出线； 35kV：户内开关柜单列布置，电缆出线； 10kV：户内开关柜双列布置，电缆出线

续表

序号	项　目	技　术　条　件
6	二次系统	全站采用模块化二次设备、预制式智能控制柜及预制光电缆的二次设备模块化设计方案； 变电站自动化系统按照一体化监控设计； 采用常规互感器＋合并单元； 110kV GOOSE 与 SV 共网，保护直采直跳； 主变压器采用保护、测控独立装置，110kV 采用保护测控集成装置，10kV 采用保护测控集成装置； 采用一体化电源系统，通信电源不独立设置； 间隔层设备下放布置，公用及主变二次设备布置在二次设备室
7	土建部分	围墙内占地面积 0.4371hm²； 全站总建筑面积 1242m²； 建筑物结构型式为装配式钢框架结构； 建筑物外墙采用一体化铝镁复合板或纤维水泥复合板，内墙采用纤维水泥复合墙板、轻钢龙骨石膏板或一体化纤维水泥集成墙板，屋面板采用钢筋桁架楼承板； 围墙采用大砌块围墙或装配式围墙或通透式围墙； 构、支架基础采用定型钢模浇筑，构支架与基础采用地脚螺栓连接

9.2　JB－110－A3－2方案卷册目录

表 9－2　　　　　　　　　　　　　　　　电气一次卷册目录

专业	序号	卷册编号	卷册名称	专业	序号	卷册编号	卷册名称
电气一次	1	JB－110－A3－2－D0101	电气一次施工图说明及主要设备材料清册	电气一次	6	JB－110－A3－2－D0106	10kV 并联电容器安装
	2	JB－110－A3－2－D0102	电气主接线图及电气总平面布置图		7	JB－110－A3－2－D0107	35kV 消弧线圈、10kV 接地变及消弧线圈安装
	3	JB－110－A3－2－D0103	110kV 配电装置		8	JB－110－A3－2－D0108	全站防雷接地
	4	JB－110－A3－2－D0104	35（10）kV 配电装置		9	JB－110－A3－2－D0109	全站动力及照明
	5	JB－110－A3－2－D0105	主变压器安装		10	JB－110－A3－2－D0110	光缆（电缆）敷设及防火封堵

表 9-3　　　　　　电气二次卷册目录

专业	序号	卷 册 编 号	卷 册 名 称
电气二次	1	JB-110-A3-2-D0201	二次系统施工图设计说明及设备材料清册
	2	JB-110-A3-2-D0202	公用设备二次线
	3	JB-110-A3-2-D0203	变电站自动化系统
	4	JB-110-A3-2-D0204	主变压器保护及二次线
	5	JB-110-A3-2-D0205	110kV线路保护及二次线
	6	JB-110-A3-2-D0206	110kV桥保护及二次线
	7	JB-110-A3-2-D0207	故障录波及网络记录分析系统
	8	JB-110-A3-2-D0208	35kV二次线
	9	JB-110-A3-2-D0209	10kV二次线
	10	JB-110-A3-2-D0210	时间同步系统
	11	JB-110-A3-2-D0211	交直流电源系统
	12	JB-110-A3-2-D0212	辅助设备智能监控系统
	13	JB-110-A3-2-D0213	火灾报警系统
	14	JB-110-A3-2-D0214	系统调度自动化
	15	JB-110-A3-2-D0215	系统及站内通信

表 9-4　　　　　　土建卷册目录

专业	序号	卷 册 编 号	卷 册 名 称
土建	1	JB-110-A3-2-T0101	土建施工总说明及卷册目录
	2	JB-110-A3-2-T0102	总平面布置图
	3	JB-110-A3-2-T0201	配电装置室建筑施工图
	4	JB-110-A3-2-T0202	配电装置室结构施工图
	5	JB-110-A3-2-T0203	配电装置室设备基础及埋件施工图
	6	JB-220-A3-2-T0204	附属房间建筑施工图
	7	JB-220-A3-2-T0205	附属房间结构施工图
	8	JB-220-A3-2-T0301	主变场地基础施工图
	9	JB-220-A3-2-T0302	独立避雷针施工图
	10	JB-220-A3-2-T0401	消防泵房建筑图施工图
	11	JB-220-A3-2-T0402	消防泵房及水池结构施工图
	12	JB-110-A3-2-N0101	采暖、通风、空调施工图
	13	JB-110-A3-2-S0101	消防泵房安装图
	14	JB-110-A3-2-S0102	室内给排水及灭火器配置图
	15	JB-110-A3-2-S0103	室内消防管道安装图
	16	JB-110-A3-2-S0104	室外给排水及事故油池管道安装图
	17	JB-110-A3-2-S0105	事故油池施工图

9.3　JB-110-A3-2方案主要图纸

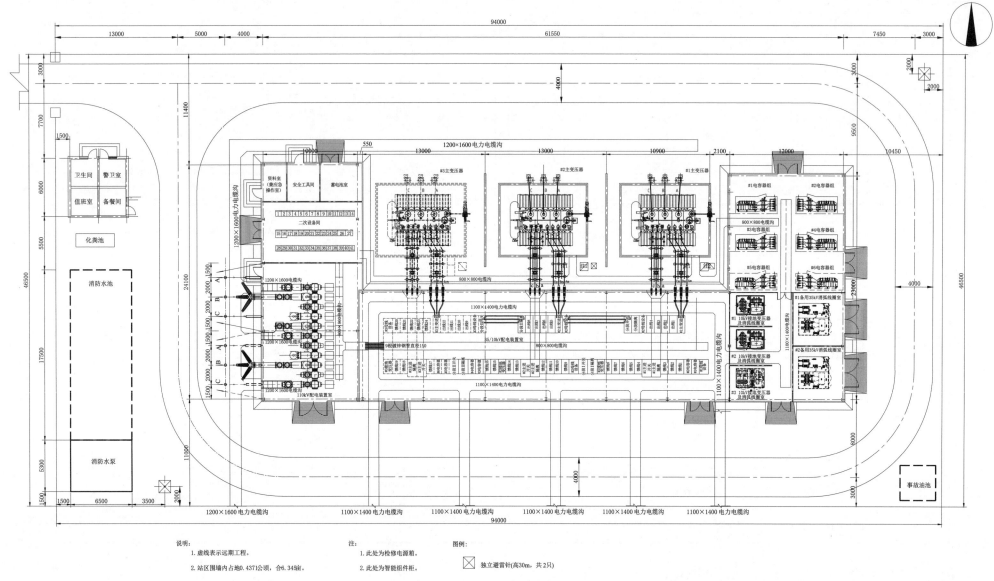

图 9-2　电气总平面布置图

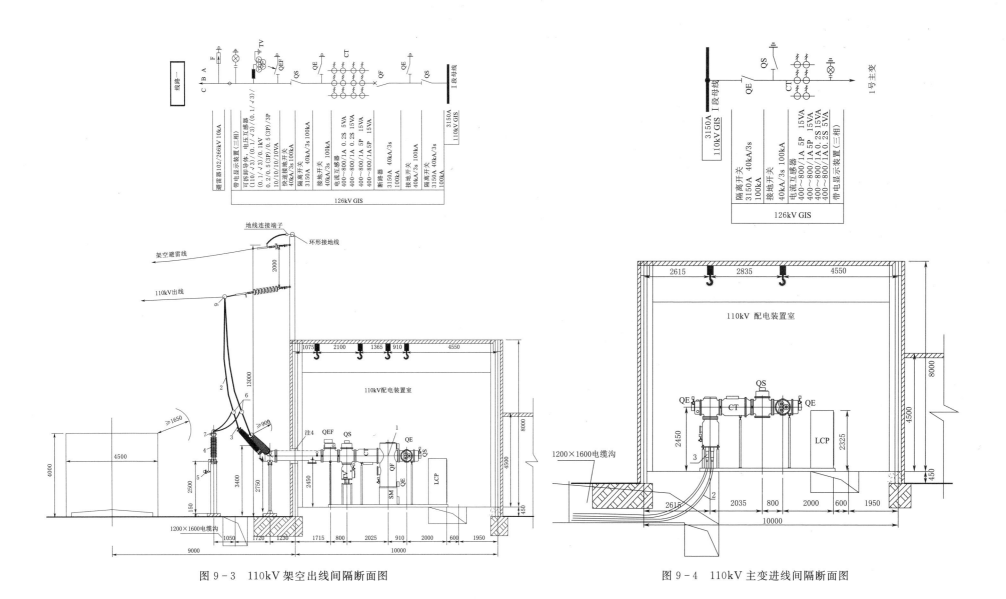

图9-3 110kV架空出线间隔断面图

图9-4 110kV主变进线间隔断面图

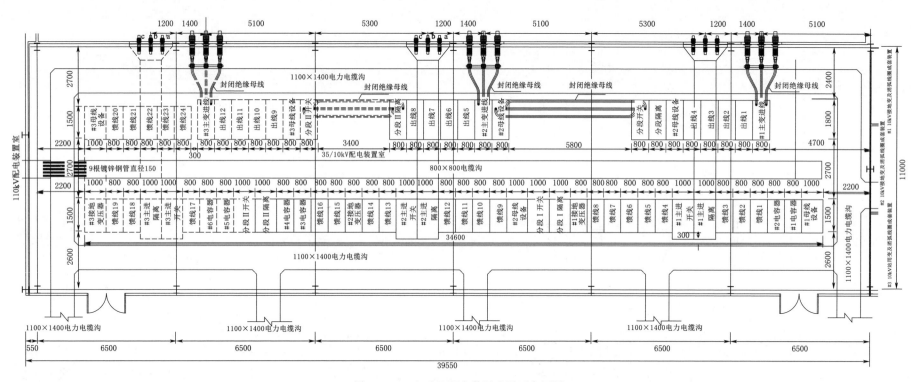

图 9－5　35/10kV 配电装置室平面布置图

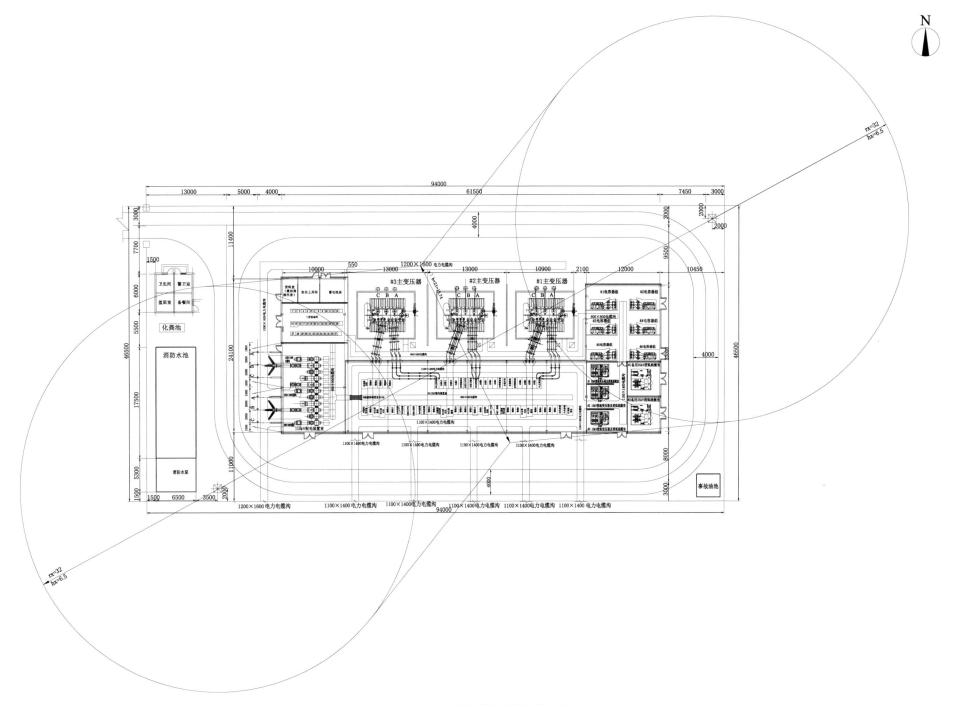

图 9-6 全站防直击雷保护布置图

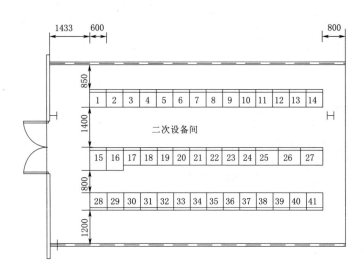

说明:1.虚线表示远期屏柜。

二次设备室屏柜一览表

序号	名称	数量		备注	序号	名称	数量		备注
		单位	本期	远期				单位	本期	远期	
1	#3主变保护柜	面		1		18	Ⅱ区及Ⅲ/Ⅳ区数据通信网关机柜	面	1	
2	#3主变测控柜	面		1		19	调度数据网络设备柜1	面	1	
3	#2主变保护柜	面	1			20	调度数据网络设备柜2	面	1	
4	#2主变测控柜	面	1			21	直流馈电柜Ⅱ	面	1	
5	#1主变保护柜	面	1			22	直流馈电柜Ⅰ	面	1	
6	#1主变测控柜	面	1			23	直流充电柜	面	1	
7	公用测控柜	面	1			24	逆变电源柜	面	1	
8	电量采集及主变电能表柜	面	1			25	站用电柜Ⅰ	面	1	
9	智能防误主机柜	面	1			26	站用电柜Ⅱ	面	1	
10	消弧线圈控制柜	面	1			27	站用电柜Ⅲ	面	1	
11	时间同步系统主机柜	面	1			28	通信电源柜	面	1	
12	故障录波器柜	面	1			29~38	通信屏柜	面	10	
13	网络报文分析柜	面	1			39~40	备用	面		1	
14	智能辅助控制系统主机柜	面	1			40	站端消防传输单元柜	面	1	
15	监控主机柜	面	1			41	智能巡视主机柜	面	1	
16	综合应用服务器柜	面	1			0	火灾报警主机	台	1		壁挂
17	Ⅰ区数据通信网关机柜	面	1								

图9-7　二次设备室屏位布置图

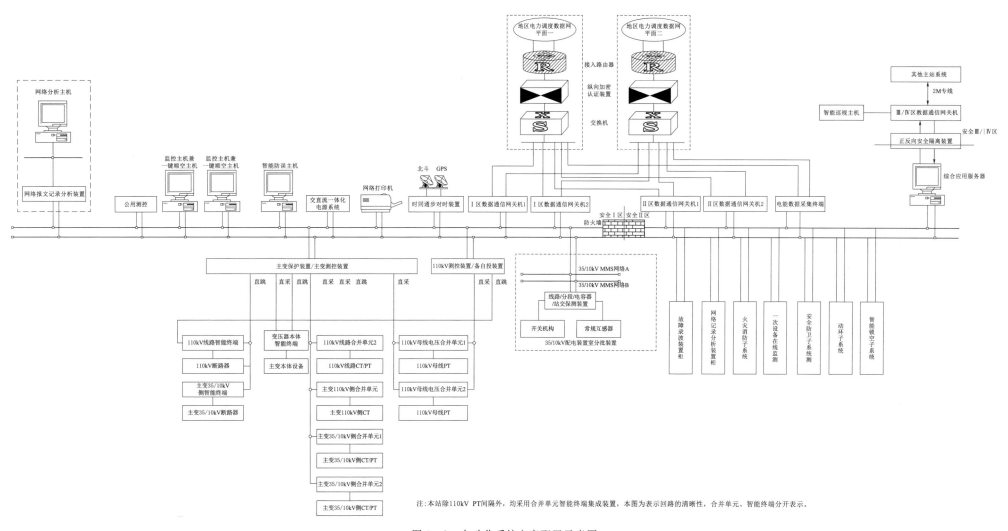

图 9-8 自动化系统方案配置示意图

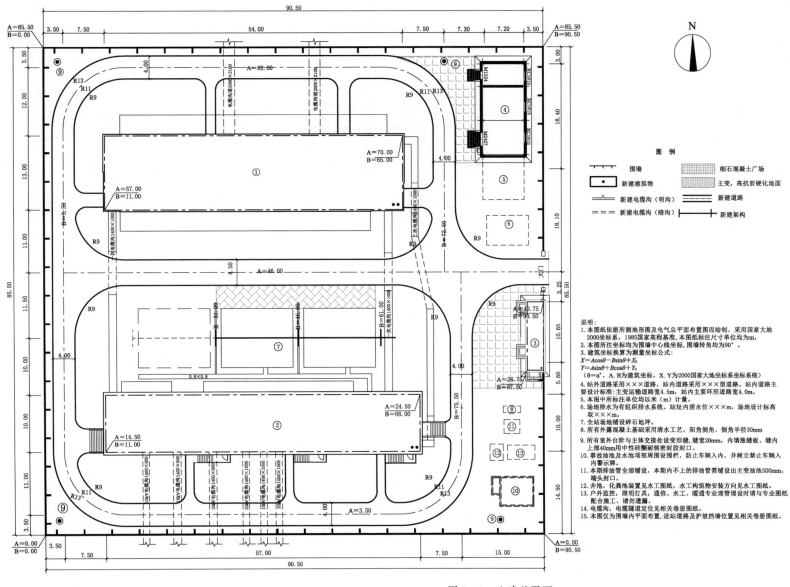

N

图例

围墙　　　　　　细石混凝土广场
新建建筑物　　　主变、高抗前硬化地面
新建电缆沟（明沟）　新建道路
新建电缆沟（暗沟）　新建架构

建(构)筑物一览表

编号	名称	单位	数量	备注
①	220kV配电装置楼	m²	1595.23	
②	110kV配电装置楼	m²	2012.17	
③	警卫室	m²	50.31	
④	消防泵房及雨淋阀间	m²	138.61	
⑤	消防水池	m²	160	
⑥	事故油池	m²	40	
⑦	主变压器场地	m²	1040	
⑧	化粪池	m²	6	
⑨	独立避雷针	座	4	
⑩	雨水井	座	1	
⑪	中水池	座	1	
⑫	污水调节池	座	1	
⑬	埋地一体化污水处理设施	座	1	

主要技术经济指标表

序号	名称		单位	数量	备注
1	站址总占地面积		hm²		
1.1	站区围墙内占地面积		hm²	0.76925	合11.54亩
1.2	进站道路后占地面积		hm²		
1.3	站外供水设施占地面积		hm²		
1.4	站外排水设施占地面积		hm²		
1.5	站外防（排）洪设施占地面积		hm²		
1.6	其他占地面积		hm²		
2	进站道路长度（新建/改造）		m		
3	站外供水管长度		m		
4	站外排水管长度		m		
5	站外主电缆为/保道		m	238/45	
6	站内外挡土墙体积		m³		
7	站内外护坡面积		m²		
8	站址土（石）方量	挖方（一）	m³		
		填方（+）	m³		
8.1	站区场地平整	挖方（一）	m³		
		填方（+）	m³		
8.2	进站道路	挖方（一）	m³		
		填方（+）	m³		
8.3	建（构）筑物基槽余土		m³		
8.4	站址土方综合平衡	挖方（一）	m³		
		填方（+）	m³		
9	站内道路面积		m²	1730	
10	屋外配电装置场地面积		m²		
11	总建筑面积		m²	3796.32	
12	站区围墙长度		m	351	

说明：
1. 本图纸依据所测地形图及电气总平面布置图图面绘制，采用国家大地2000坐标系，1985国家高程基准，本图纸标注尺寸单位均为m。
2. 本图所注坐标均为围墙中心线坐标，围墙转角均为90°。
3. 建筑坐标换算为测量坐标公式：
$X = A\cos\theta - B\sin\theta + X_0$
$Y = A\sin\theta + B\cos\theta + Y_0$
（$\theta = \alpha°$，A、B为建筑坐标，X、Y为2000国家大地坐标系坐标系统）
4. 站外道路采用×××道路，站内道路采用×××型道路。站内道路主要设计标准：主变运输道路宽4.5m，站内主要环形道路宽4.0m。
5. 本图中所标注单位均以米（m）计量。
6. 场地排水为有组织排水系统。站址内涝水位×××m，场地设计标高取×××m。
7. 全站场地铺设碎石地坪。
8. 所有外露混凝土基础采用清水工艺，阳角倒角、倒角半径30mm。
9. 所有室外台阶与主体交接处设变形缝，缝宽20mm，内填涨缝板、缝内上部40mm用中性硅酮耐候密封胶封口。
10. 事故油池及水池顶部周围设围栏，防止车辆入内，并树立禁止车辆入内警示牌。
11. 本期排油管全部铺设，本期内不上的排油管需铺设出主变油池500mm，端头封口。
12. 井池，化粪池装置见水工图纸，水工构筑物安装方向见水工图纸。
13. 户外监控、照明灯具，通信、水工、暖通专业埋管埋设时请与专业图纸配合施工、请勿遗漏。
14. 电缆沟，电缆隧道定位见相关卷册图纸。
15. 本图仅为围墙内平面布置，进站道路及护坡挡墙位置见相关卷册图纸。

图 9-9　土建总平面

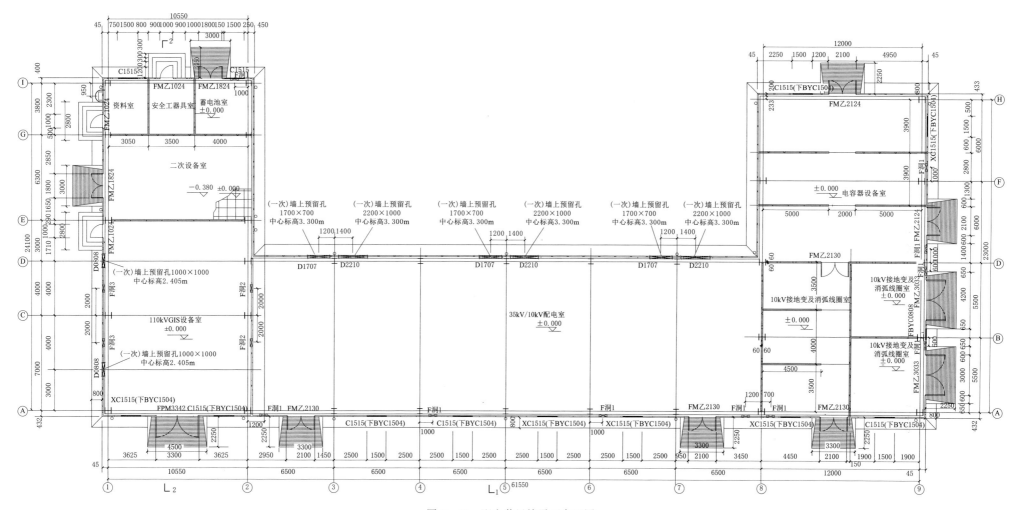

图 9-10 配电装置楼平面布置图

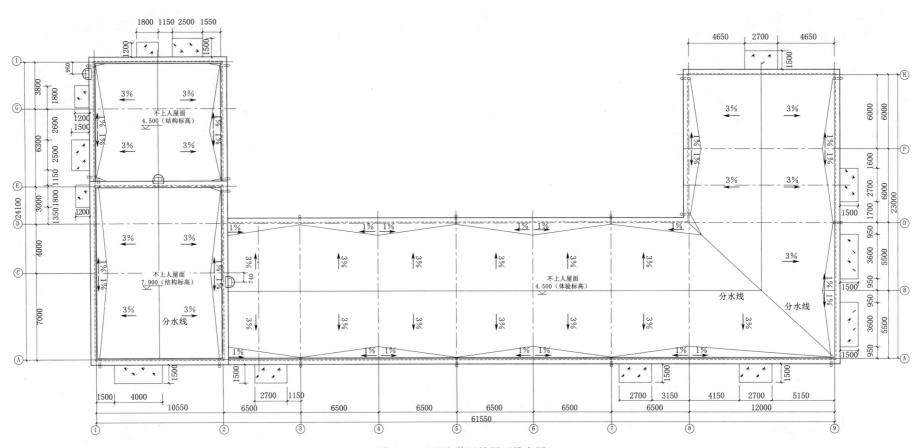

图 9-11　配电装置楼屋面排水图

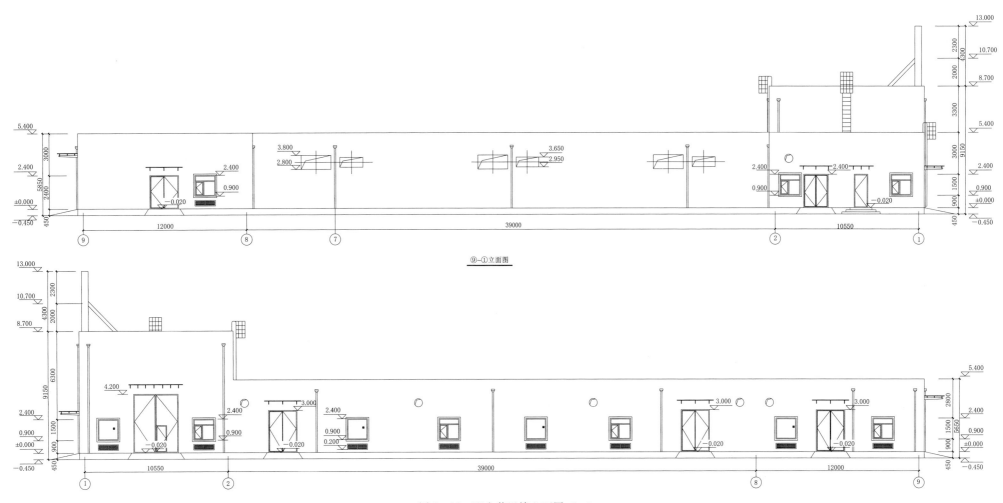

图 9-12 配电装置楼立面图（一）

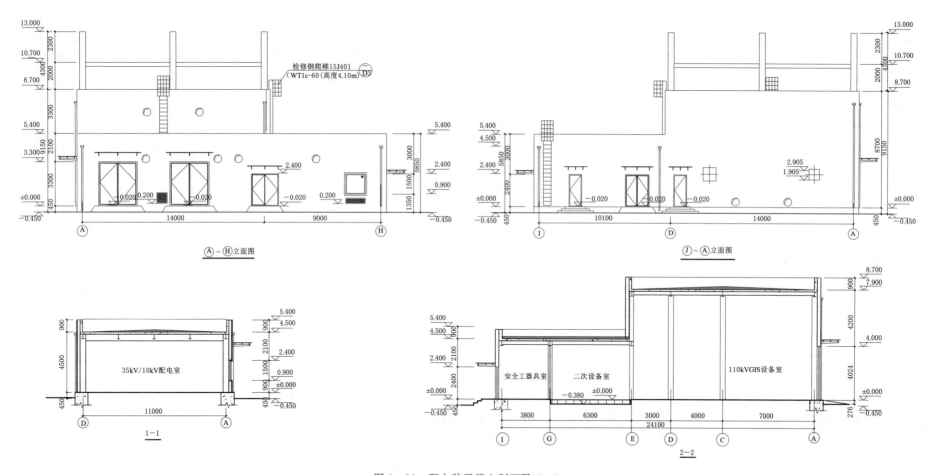

图 9-13　配电装置楼立剖面图（二）

9.4 JB－110－A3－2 方案主要计算书

二次的直流计算书、交流计算书、土建计算书见附件光盘。

9.5 JB－110－A3－2 方案主要设备材料表

表 9－5 电气一次主要设备材料清册

序号	设 备 名 称	型 号 及 规 格	单位	数量	备 注
一		一次设备部分			
（一）	主变部分				
1	110kV 三相三绕组有载调压变压器	一体式三相三绕组油浸自冷式有载调压 SSZ11－50000/110	台	2	
		电压比：110±8×1.25％/38.5±2×2.5％/10.5kV			
		接线组别：Ynyn0d11			
		冷却方式：ONAN			
		$U_{k1-2}\%=10.5$　$U_{k1-3}\%=18$　$U_{k2-3}\%=6.5$			
		中性点：LRB－60　200/1A　5P/5P			
		配有载调压分接开关			
		110kV 套管外绝缘爬电距离不小于 3150mm			
		中性点套管外绝缘爬电距离不小于 1812mm			
		35kV 套管外绝缘爬电距离不小于 1256mm			
		10kV 套管外绝缘爬电距离不小于 420mm			
2	中性点成套装置	成套采购，每套含：	套	2	
		中性点单极隔离开关 GW13－72.5/630（W）			
		最高电压 72.5kV，额定电流 630A，爬电距离不小于 1812mm			
		配电动操作机构，1 台			
		避雷器 Y1.5W－72/186W，1 只，附计数器			
		放电间隙棒，水平式，间隙可调，1 付			
		中性点 CT 1 5P/5P 200/1A 15VA			

续表

序号	设备名称	型号及规格	单位	数量	备注
3	钢芯铝绞线	LGJ－300/40	m	60	总长度
		LGJ－300/40	组/三相	2	主变 110kV 侧引线
4	110kV 电力电缆终端	110kV 电缆终端，1×400，户外终端，复合套管，铜	只	3	
5	钢芯铝绞线	LGJ－240/30	m	20	总长度
		LGJ－240/30	组/单相	2	主变 110kV 侧引线
6	90°铜铝过渡设备线夹	SYG－300/40C－130×110（长×宽）	套	6	
7	90°铜铝过渡设备线夹	SYG－300/40C－90×90（长×宽）	套	6	
8	90°铜铝过渡设备线夹	SYG－240/30C－110×130（长×宽）	套	2	
9	90°铝设备线夹	SY－240/30C－130×110（长×宽）	套	2	
10	回流线	ZC－YJV－8.7/10－1×240	m	150	
11	接地电缆	ZC－YJV－8.7/10－1×150	m	150	
12	110kV 电缆接地箱，三线直接接地	JDX－3	个	2	
13	35kV 母排	TMY－80×10	m	120	带绝缘热缩套，已折合成单根
14	35kV 支柱绝缘子	ZSW－40.5/12.5	只	24	
15	矩形母线固定金具	MWP－102T/φ127（4－M16）	套	24	用于 35kV 母线桥
16	母线伸缩节	MST－100×10	套	12	
17	35kV 避雷器	HY5WZ－51/134	只	6	
18	槽钢	[10　L＝850mm	根	8	热镀锌，土建专业制作
19	槽钢	[14a　L＝3000mm	根	4	热镀锌，土建专业制作
20	槽钢	[10　L＝1400mm	根	2	热镀锌，土建专业制作
21	35kV 避雷器支架	见图 D0105－11	套	2	
22	35kV 支柱绝缘子支架	见图 D0105－09	套	8	
23	10kV 母排	2×（TMY－125×10）	m	120	带绝缘热缩套，已折合成单根
24	10kV 支柱绝缘子	ZSW－24/12.5	只	30	
25	矩形母线固定金具	MWP－204T/φ140（4－M12）	套	30	用于 10kV 母线桥

续表

序号	设 备 名 称	型 号 及 规 格	单位	数量	备 注
26	母线伸缩节	MST－125×12	套	24	
27	母线间隔垫	MJG－04	套	120	约0.5m一套
28	10kV避雷器	HY5WZ－17/45	只	6	
29	10kV避雷器支架	见图D0105－10	套	2	
30	10kV支柱绝缘子支架	见图D0105－08			
31	槽钢	[10 L＝600mm	根	8	热镀锌，土建专业制作
32	槽钢	[14a L＝3600mm	根	4	热镀锌，土建专业制作
33	槽钢	[10 L＝1100mm	根	2	热镀锌，土建专业制作
34	镀锌扁钢	－5×100×120 热镀锌	块	12	35kV、10kV避雷器在线监测仪安装，土建专业制作
35	铜排	TMY－30×4	m	12	用于35kV、10kV避雷器引上接母排
36	1kV绝缘线	YJY－1×70mm	m	60	
37	不锈钢槽盒		m	40	不锈钢槽盒
（二）	110kV配电装置部分				
1	110kV组合电器	户内，SF$_6$气体绝缘全密封（GIS），三相共箱布置	套	1	电缆出线
		U_N＝110kV 最高工作电压126kV 额定电流：3150A			
		断路器，3150A，40kA，1台			
		隔离开关，3150A，40kA/3s，2组			
		电流互感器，400－800/1A 5P/5P/0.2S/0.2S 15/15/15/5VA			
		快速接地开关，40kA/3s，1组			
		接地开关，40kA/3s，2组			
		就地汇控柜，1台			
		电压互感器$\frac{110}{\sqrt{3}}\Big/\frac{0.1}{\sqrt{3}}\Big/\frac{0.1}{\sqrt{3}}\Big/\frac{0.1}{\sqrt{3}}$/0.1kV，0.2/0.5（3P）/0.5（3P）/3P 10/10/10/10VA			
2	110kV组合电器	户内，SF$_6$气体绝缘全密封（GIS），三相共箱布置	套	1	架空出线
		U_N＝110kV 最高工作电压126kV，额定电流：3150A			

续表

序　号	设　备　名　称	型　号　及　规　格	单位	数量	备　　注
		断路器，3150A，40kA，1 台			
		隔离开关，3150A，40kA/3s，2 组			
		电流互感器，400－800/1A　5P/5P/0.2S/0.2S　15/15/15/5VA			
		快速接地开关 40kA/3s，1 组			
		接地开关 40kA/3s，2 组			
		架空出线套管，1 组			
		就地汇控柜，1 台			
		电压互感器 $\dfrac{110}{\sqrt{3}}\Big/\dfrac{0.1}{\sqrt{3}}\Big/\dfrac{0.1}{\sqrt{3}}\Big/\dfrac{0.1}{\sqrt{3}}\Big/0.1\text{kV}$，0.2/0.5（3P）/0.5（3P）/3P　10/10/10/10VA			
		避雷器，102/266kV			
3	110kV 组合电器	户内，SF_6 气体绝缘全密封（GIS），三相共箱布置	套	2	主变进线间隔
		U_N＝110kV，最高工作电压 126kV，额定电流：3150A			
		断路器，3150A，40kA/3s，1 台			
		电流互感器，600－1200/1A 5P/0.2S，15/5VA，3 只			
		隔离开关，3150A 40kA/3s，1 组			
		接地开关，3150A 40kA/3s，2 组			
		带电显示器，三相，1 组			
		就地汇控柜，1 台			
4	110kV 组合电器	户内，SF_6 气体绝缘全密封（GIS），三相共箱布置	套	1	桥分段间隔
		U_N＝110kV，最高工作电压 126kV，额定电流：3150A			
		断路器 3150A，40kA/3s，1 台			
		电流互感器，400－800/1A，5P /5P/0.2S/0.2S，15/15/15/5VA			
		隔离开关，3150A，40kA/3s，2 组			
		接地开关，3150A，40kA/3s，2 组			
		就地汇控柜，1 只			
5	组合电器	户内，SF_6 气体绝缘全密封（GIS），三相共箱布置	套	2	母线设备间隔

续表

序号	设 备 名 称	型 号 及 规 格	单位	数量	备 注
		U_N＝110kV，最高工作电压126kV，额定电流：3150A			
		电压互感器，0.2/0.5(3P)/0.5(3P)/3P，3只			
		$(110/\sqrt{3})/(0.1/\sqrt{3})/(0.1/\sqrt{3})/(0.1/\sqrt{3})/0.1$kV 10/10/10/10VA			
		隔离开关，3150A，40kA/3s，1组			
		接地开关，3150A，40kA/3s，1组			
		就地汇控柜，1台			
6	110kV 氧化锌避雷器	Y10WZ－102/266	只	3	
		标称放电电流：10kA，额定电压102kV			
		标称雷电冲击电流下的最大残压266kV			
		附放电计数器及泄漏电流监测器			
		外绝缘爬电比距不小于3150mm			
7	钢芯铝绞线	LGJ－300/40	m	40	总长度
		LGJ－300/40	组/三相	2	110kV 侧出线套管引下线及避雷器引下线
8	30°铝设备线夹	SY－300/40B－110×110（长×宽）	套	3	
9	T 型线夹	TY－300/40	套	6	
10	30°铝设备线夹	SY－300/40B－140×110（长×宽）	套	3	
11	110kV 电力电缆	ZC－YJLW03－64/110kV－1×400mm²	m	560	
12	110kV 电力电缆终端	110kV 电缆终端，1×400，GIS 终端，预制，铜	只	6	
13	110kV 电缆接地箱，带护层保护器	JDXB－3	个	2	
14	槽钢	[10 L＝200mm	根	1	热镀锌
15	铜排	TMY－30×4	m	1	用于110kV避雷器按照
（三）	35kV 配电装置部分				
1	35kV 充气式开关柜	断路器柜	台	2	主变进线柜
		气体绝缘式高压开关柜，40.5kV，1250A，31.5kA/3s			
		真空断路器，40.5kV，1250A，31.5kA/3s，1台			
		三工位隔离开关，1250A，31.5kA/3s			

续表

序号	设　备　名　称	型　号　及　规　格	单位	数量	备　　注
		电流互感器，1200/1A，5P/5P/0.2S/0.2S，3 只			
		输出容量：15/15/15/5VA			
		带电显示器（三相），1 组			
		综合状态指示仪，1 套			
		架空上进线			
		柜体尺寸：（宽×深）800mm×1800mm			
2	35kV 充气式开关柜	断路器柜	台	8	电缆出线柜
		气体绝缘式高压开关柜，40.5kV，1250A，31.5kA/3s			
		真空断路器，40.5kV，1250A，31.5kA/3s，1 台			
		三工位隔离开关，1250A，31.5kA/3s			
		电流互感器，300~600/1A，5P/0.2/0.2S，3 只			
		输出容量：15/15/5VA			
		无间隙氧化锌避雷器 51/134kV，5kA，3 只			
		带电显示器（三相），1 组			
		综合状态指示仪，1 套			
		柜体尺寸：（宽×深）800mm×1800mm			
3	35kV 充气式开关柜	断路器柜	台	1	分段断路器柜
		气体绝缘式高压开关柜，40.5kV，1250A，31.5kA/3s			
		真空断路器，40.5kV，1250A，31.5kA/3s，1 台			
		三工位隔离开关，1250A，31.5kA/3s			
		电流互感器，1200/1A，5P/0.2，3 只			
		输出容量：15/15VA			
		带电显示器（三相），1 组			
		综合状态指示仪，1 套			
		柜体尺寸：（宽×深）800mm×1800mm			
4	35kV 充气式开关柜	分段隔离柜	台	2	分段隔离柜
		气体绝缘式高压开关柜，40.5kV，1250A，31.5kA/3s			

续表

序号	设 备 名 称	型 号 及 规 格	单位	数量	备 注
		三工位隔离开关，40.5kV，1250A，31.5kA/3s，1台			
		带电显示器（三相），1组			
		综合状态指示仪			
		柜体尺寸：（宽×深）800mm×1800mm			
5	35kV 充气式开关柜	母线设备柜	台	2	母线设备柜
		气体绝缘式高压开关柜，40.5kV，1250A，31.5kA/3s			
		接地开关，1250A，31.5kA/3s			
		三工位隔离开关，1250A，31.5kA/3s			
		配熔断器，0.5A，31.5kA，3只			
		电压互感器 $(35/\sqrt{3})/(0.1/\sqrt{3})/(0.1/\sqrt{3})/(0.1/\sqrt{3})/(0.1/3)kV$			
		全绝缘，0.2/0.5(3P)/0.5(3P)/3P 50/50/50/50VA，3只			
		一次消谐装置，1只			
		无间隙氧化锌避雷器5kA，51/134kV，3只			
		附计数器			
		带电显示器（三相），1组			
		综合状态指示仪			
		柜体尺寸：（宽×深）800mm×1800mm			
6	35kV 封闭绝缘母线	AC 35kV，1250A，单相	m	70	厂家按现场尺寸提供母线布置示意图
7	35kV 穿墙套管	CWW-40.5/1250	只	6	
8	穿墙套管安装材料		套	2	
	每套含：				
	钢板	$\delta=10$ 2200mm×1000mm	块	1	
	螺栓	M12×60	套	12	
	铜焊接		m	2	
（四）	10kV 配电装置部分				
1	10kV 开关柜	断路器柜	台	2	主变进线柜
		金属铠装移开式高压开关柜，12kV，4000A，40kA/3s			

序号	设 备 名 称	型 号 及 规 格	单位	数量	备 注
		真空断路器，12kV，4000A，40kA/3s，1 台			
		电流互感器，4000/1A，5P/5P/0.2S/0.2S，15/15/15/5VA，3 只			
		带电显示器（三相），1 组			
		综合状态指示仪，1 套			
		架空上进线			
		柜体尺寸：（宽×深）1000mm×1800mm			
2	10kV 开关柜	隔离柜	台	2	主变进线隔离柜
		金属铠装移开式高压开关柜，12kV，4000A，40kA/3s			
		隔离手车，12kV，4000A，40kA/3s，1 台			
		带电显示器（三相），1 组			
		综合状态指示仪，1 套			
		柜体尺寸：（宽×深）1000mm×1800mm			
3	10kV 开关柜	断路器柜	台	1	分段断路器柜
		金属铠装移开式高压开关柜，12kV，4000A，40kA/3s			
		真空断路器，12kV，4000A，40kA/3s，1 台			
		电流互感器，4000/1A，5P/0.2，15/15VA，3 只			
		带电显示器（三相），1 组			
		综合状态指示仪，1 套			
		柜体尺寸：（宽×深）1000mm×1500mm			
4	10kV 开关柜	隔离柜	台	2	分段隔离柜
		金属铠装移开式高压开关柜，12kV，4000A，40kA/3s			
		隔离手车，12kV，4000A，40kA/3s，1 台			
		带电显示器（三相），1 组			
		综合状态指示仪			
		柜体尺寸：（宽×深）1000mm×1500mm			
5	10kV 开关柜	断路器柜	台	16	电缆出线柜
		金属铠装移开式高压开关柜，12kV，1250A，31.5kA/3s			

续表

序号	设 备 名 称	型 号 及 规 格	单位	数量	备 注
		真空断路器，12kV，1250A，31.5kA/3s，1台			
		电流互感器，300～600/1A，5P/0.2/0.2S，15VA/15VA/5VA，3只			
		接地开关，31.5kA/3s，1组			
		无间隙氧化锌避雷器 5kA，HY5WZ-17/45kV，3只			
		带电显示器（三相），1组			
		综合状态指示仪			
		电缆下出线			
		柜体尺寸：（宽×深）800mm×1500mm			
6	10kV 开关柜	母线设备柜	台	2	母线设备柜
		金属铠装移开式高压开关柜，12kV，1250A，31.5kA/3s			
		配熔断器，0.5A，3只			
		电压互感器 $\dfrac{10}{\sqrt{3}}\Big/\dfrac{0.1}{\sqrt{3}}\Big/\dfrac{0.1}{\sqrt{3}}\Big/\dfrac{0.1}{\sqrt{3}}\Big/\dfrac{0.1}{\sqrt{3}}$ kV			
		全绝缘，0.2/0.5(3P)/0.5(3P)/3P，50/50/50/50VA，3只			
		一次消谐器，1只			
		无间隙氧化锌避雷器 5kA，HY5WZ-17/45kV，3只			
		带电显示器（三相），1组			
		综合状态指示仪			
		柜体尺寸：（宽×深）1000mm×1500mm			
7	10kV 开关柜	断路器柜	台	4	电容器电缆出线柜
		金属铠装移开式高压开关柜，12kV，1250A，31.5kA/3s			
		真空断路器，12kV，1250A，31.5kA/3s，1台			
		电流互感器，600/1A，5P/0.2/0.2S，15/15/5VA，3只			
		接地开关，31.5kA/3s，1组			
		无间隙氧化锌避雷器 5kA，HY5WZ-17/45kV，3只			
		带电显示器（三相），1组			
		综合状态指示仪			

续表

序号	设 备 名 称	型 号 及 规 格	单位	数量	备 注
		电缆下出线			
		柜体尺寸：（宽×深）800mm×1500mm			
8	10kV 开关柜	断路器柜	台	2	接地变出线柜
		金属铠装移开式高压开关柜，12kV，1250A，31.5kA/3s			
		真空断路器，12kV，1250A，31.5/3skA，1 台			
		电流互感器　100～300/1A　5P/0.2/0.2S，15VA/15VA/5VA，3 只			
		接地开关，31.5kA/3s			
		无间隙氧化锌避雷器 5kA，HY5WZ－17/45kV，3 只			
		带电显示器（三相），1 组			
		综合状态指示仪			
		电缆下出线			
		柜体尺寸：（宽×深）800mm×1500mm			
9	10kV 封闭母线桥箱	12kV，4000A，40kA	m	25	
10	35kV 穿墙套管	CWW－24/4000	只	6	
11	穿墙套管安装材料		套	2	
		每套含：			
		钢板	$\delta=10$　1800mm×800mm	块	1	
		螺栓	M12×60	套	12	
		铜焊接		m	2	
12	10kV 框架式并联电容器组成套装置	TBB10－3600/200－AC（5％）	套	2	
		容量 3.6Mvar，额定电压：10kV			
		含：四极隔离开关、电容器、铁芯电抗器			
		放电电压互感器、避雷器、端子箱等			
		配不锈钢网门及电磁锁			
		标称容量：3.6Mvar			
		单台容量 200kvar，配外熔丝			

续表

序号	设 备 名 称	型 号 及 规 格	单位	数量	备 注
		电抗率：5％			
		保护方式：开口三角电压保护			
		爬电距离不小于420mm			
13	10kV框架式并联电容器组成套装置	TBB10－4800/200－AC（12％）	套	2	
		容量4.8Mvar，额定电压：10kV			
		含：四极隔离开关、电容器、铁芯电抗器			
		放电电压互感器、避雷器、端子箱等			
		配不锈钢网门及电磁锁			
		标称容量：4.8Mvar			
		单台容量200kvar，配外熔丝			
		电抗率：12％			
		保护方式：开口三角电压保护			
		爬电距离不小于420mm			
14	10kV电力电缆	ZC－YJV22－8.7/10－3×300	m	240	4组电容器所需总电缆长度
15	10kV电力电缆终端	10kV电缆终端，3×300，户内终端，冷缩，铜	套	8	含开关柜侧
16	铜排	TMY－80×8　含绝缘护套	m	36	用于隔离开关接线端子与电缆终端连接
17	接地变、消弧线圈成套装置	10kV，干式，有外壳	套	2	
		阻抗电压：$U_k\%=6$			
		应含组件：控制屏、有载开关、电压互感器、电流互感器、避雷器、断路器（可选）、隔离开关、中电阻、阻尼电阻			
		接地变容量：800/200kVA			
		消弧线圈容量：630kVA			
		安装形式：户内箱壳式			
		爬电距离不小于420mm			
18	10kV电力电缆	ZC－YJV22－8.7/10－3×185	m	200	4组电容器所需总电缆长度
19	10kV电力电缆终端	10kV电缆终端，3×185，户内终端，冷缩，铜	套	4	含开关柜侧
20	1kV电力电缆	ZC－YJY－0.6/1－4×240	m	100	4组电容器所需总电缆长度

续表

序号	设 备 名 称	型 号 及 规 格	单位	数量	备 注
（五）	防雷接地部分				
1	扁紫铜排	—40×4	m	2000	用于主地网
2	紫铜棒	Φ25mm×2500mm	根	160	
3	铜排	—30×4	m	270	用于二次等电位地网
4	绝缘子	WX-01	个	340	
5	放热焊点		个	360	
6	扁钢	—60×8，热镀锌	m	1000	用于室内环形接地网、全站设备及基础接地
7	多股软铜芯电缆	120mm²，配铜鼻子	m	30	主变智能控制柜与等电位地网相连
8	多股软铜芯电缆	100mm²，配铜鼻子	m	300	用于屏柜与二次等电位地网连接
9	多股软铜芯电缆	50mm²，配铜鼻子	m	8	用于主控室等电位地网与主地网连接
10	多股软铜芯电缆	4mm²，配铜鼻子	m	300	用于屏柜内所有装置、电缆屏蔽层、屏柜门体与屏柜本体接地铜排的连接
11	断线卡及断线头保护盒	附专用保护箱 建议尺寸 300mm（高）×210mm（宽）×120mm（深）	套	18	
12	临时接地端子	附专用保护箱 建议尺寸 300mm（高）×210mm（宽）×120mm（深）	套	31	
（六）	照明动力部分				
1	照明配电箱	PXT(R)-	个	3	具体尺寸见相关图纸
2	动力配电箱	PXT(R)-	个	1	具体尺寸见相关图纸
3	应急疏散照明电源箱		个	1	
4	户内检修电源箱		个	10	
5	户外检修电源箱	XW1（改）	个	3	
6	LED 泛光灯	AC 220V，150W	套	13	
7	LED 投光灯	AC 220V，250W	套	6	
8	门垛灯	AC 220V，1×60W，含灯源	套	2	
9	LED 节能双管灯	AC 220V，2×20W	套	54	
10	LED 事故照明壁灯	AC 220V，60W	套	17	
11	LED 防水防潮吸顶灯	AC 220V，40W	套	21	
12	LED 防眩泛光灯具	AC 220V，1×150W	套	17	

续表

序号	设 备 名 称	型 号 及 规 格	单位	数量	备 注
13	防爆灯	AC 220V，40W	套	4	
14	LED 防水防潮防腐壁灯	AC 220V，60W	套	18	
15	LED 安全出口指示灯	DC 36V，2W，120min，带蓄电池	套	13	
16	LED 疏散方向指示灯	DC 36V，2W，120min，带蓄电池	套	26	
17	消防应急灯	DC 36V，6＋6W，120min，带蓄电池	套	18	
18	门铃及按钮	AC 250V，6A	套	1	
19	暗装单联防水防溅单控开关	AC 250V，16A，带指示灯	个	23	
20	暗装单联单控翘板开关	AC 250V，16A，带指示灯	个	12	
21	暗装单联双控翘板开关	AC 250V，16A，带指示灯	个	16	
22	暗装单联三控翘板开关	AC 250V，16A，带指示灯	个	6	
23	除湿机、柜式冷暖空调插座箱	内设 380V，25A，四孔插座及 1 个空开	个	6	
24	柜式冷暖空调防爆插座箱	内设 380V，25A，四孔插座及 1 个空开	个	1	
25	暗装二、三孔插座	AC 250V，16A，带开关	个	9	
26	暗装电暖气插座	AC 250V，16A，带开关	个	12	
27	暗装电暖气防爆插座	AC 250V，16A，带开关	个	1	
28	暗装壁挂空调、热水器插座	AC 250V，16A，带开关	个	3	
29	电力电缆	ZR－YJV22－0.6/1.0kV－5×6	m	500	
30	电力电缆	ZR－YJV22－0.6/1.0kV－3×4	m	450	
31	电力电缆	ZR－YJV22－0.6/1.0kV－3×6	m	30	
32	电力电缆	ZR－YJV22－0.6/1.0kV－2×4	m	150	
33	电力电缆	ZR－YJV22－0.6/1.0kV－4×16	m	150	
34	电力电缆	ZR－YJV22－0.6/1.0kV－3×35＋1×16	m	500	
35	电力电缆	ZR－YJV22－0.6/1.0kV－3×50＋1×25	m	180	
36	电力电缆	ZR－YJV22－0.6/1.0kV－3×185＋1×95	m	100	
37	耐火铜芯聚氯乙烯绝缘电线	NH－BV－500 2.5mm²	m	800	
38	铜芯聚氯乙烯绝缘电线	BV－500 6mm²	m	2160	
39	铜芯聚氯乙烯绝缘电线	BV－500 4mm²	m	2650	
40	铜芯聚氯乙烯绝缘电线	BV－500 2.5mm²	m	250	
41	镀锌钢管	DN100	m	150	

续表

序号	设 备 名 称	型 号 及 规 格					单位	数量	备 注
42	镀锌钢管	DN50					m	110	
43	镀锌钢管	DN32					m	300	
44	镀锌钢管	DN25					m	550	
45	PVC 管	Φ70					m	1200	
46	PVC 管	Φ50					m	30	
47	PVC 管	Φ32					m	100	
48	PVC 管	Φ25					m	1600	
49	PVC 管	Φ20					m	150	
50	户内分线盒						个	440	
51	户外分线盒						个	40	
（七）	电缆敷设及防火材料部分								
一、电缆敷设									
1	支柱	角钢	L63×63×6	$L=1300mm$ 热镀锌	1		套	140	
	格架	角钢	L50×50×5	$L=600mm$ 热镀锌	4				
2	支柱	角钢	L50×50×5	$L=1100mm$ 热镀锌	1		套	100	
	格架	角钢	L50×50×5	$L=500mm$ 热镀锌	4				
3	支柱	角钢	L50×50×5	$L=1200mm$ 热镀锌	1		套	150	
	格架	角钢	L50×50×5	$L=500mm$ 热镀锌	5				
4	支柱	角钢	L50×50×5	$L=650mm$ 热镀锌	1		套	375	
	格架	角钢	L40×40×5	$L=300mm$ 热镀锌	4				
5	水平电缆（光缆）槽盒（带盖）	250mm×100mm					m	150	
6	L 型防火隔板	300×80×10（宽×翻边高度×厚）					m	300	
7	转接头	电缆槽盒用，"＋"型、"T"型、"∟"型					个	20	
二、防火封堵材料									
1	无机速固防火堵料	WSZD					t	2	
2	有机可塑性软质防火堵料	RZD					t	1.5	
3	阻火模块	240×120×60					m³	10	
4	防火涂料						t	0.5	

续表

序号	设 备 名 称	型 号 及 规 格	单位	数量	备 注
5	防火隔板		m²	100	
6	防火网		m²	10	
7	角钢	L50×50×5	m	100	
8	扁钢	−60×6	m	100	

表 9-6 　　　　　　　　　　　　　　　　　　电气二次主要设备材料清册

序号	产 品 名 称	型 号 及 规 格	单位	数量	备 注
1	变电站自动化系统				
1.1	监控主机柜	含监控主机兼一键顺控主机2台	面	1	组柜
1.2	智能防误主机柜	含智能防误主机一台，显示器1台，打印机1台	面	1	
1.3	数据通信网关机柜	含Ⅰ区远动网关机（兼图形网关机）2台、Ⅱ区远动网关机2台，Ⅲ/Ⅳ区通信网管机1台及硬件防火墙2台	面	2	
1.4	综合应用服务器	含综合应用服务器1台	面	1	
1.5	打印机		台	1	
1.6	站控层Ⅰ区交换机	百兆、24电口、2光口	台	4	安装在Ⅰ区数据通信网关机柜上
1.7	站控层Ⅱ区交换机	百兆、24电口、2光口	台	2	安装在Ⅱ区及Ⅲ/Ⅳ区数据通信网关机柜上
1.8	公用测控柜	含公用测控装置1台，110kV母线测控装置2台，110kV间隔层交换机2台	面	1	
1.9	主变测控柜	1号主变测控柜含主变测控装置4台，2号主变测控柜含主变测控装置4台	面	2	
1.10	110kV线路测控装置		台	2	安装于110kV线路智能控制柜上
1.11	35kV母线测控装置		台	2	安装于35kV母线PT开关柜上
1.12	35kV电压并列装置		台	2	安装在35kV隔离开关柜上
1.13	35kV分段保护测控装置		台	1	安装在35kV分段开关柜上
1.14	35kV线路保护测控装置		台	8	安装于35kV出线开关柜上
1.15	35kV公用测控装置		台	2	35kV Ⅰ、Ⅱ母PT开关柜内内各布置1台
1.16	35kV间隔层交换机		台	4	35kV Ⅰ、Ⅱ母PT开关柜内各布置2台
1.17	10kV线路保护测控装置		台	16	安装于10kV出线开关柜上
1.18	10kV母线测控装置		台	2	安装于10kV母线PT开关柜上

续表

序号	产品名称	型号及规格	单位	数量	备注
1.19	10kV 电容器保护测控装置		台	4	安装于 10kV 电容器开关柜上
1.20	10kV 站用变保护测控装置		台	2	安装于 10kV 站用变开关柜上
1.21	10kV 电压并列装置		台	2	安装在 10kV 隔离开关柜上
1.22	10kV 分段保护测控装置		台	1	安装在 10kV 分段开关柜上
1.23	10kV 公用测控装置		台	2	10kV I、II母 PT 开关柜内内各布置 1 台
1.24	10kV 间隔层交换机		台	4	10kV I、II母 PT 开关柜内内各布置 2 台
2	数据网接入设备				
2.1	调度数据网设备柜	含路由器 1 台、交换机 2 台，套纵向加密装置 2 台，网络安全监测装置 1 套	面	2	
2.2	等保测评费		项	1	
3	系统继电保护及安全自动装置				
3.1	110kV 备自投装置		1	台	安装于 110kV 桥路智能控制柜上
3.2	110kV 桥保护测控装置		1	台	安装于 110kV 桥路智能控制柜上
3.3	35kV 备自投装置		台	1	安装在 35kV 分段开关柜上
3.4	10kV 备自投装置		台	1	安装在 10kV 分段开关柜上
4	元件保护				
4.1	主变保护柜	每面含主变保护装置 2 台，过程层交换机 1 台	面	2	
5	电能计量				
5.1	主变电能表及电量采集柜	含主变考核关口表 6 只，电能数据采集终端 1 台	面	1	
5.2	110kV 线路多功能电能表	0.5S 级三相四线制数字式	只	2	安装于 110kV 线路智能控制柜上
5.3	35kV 多功能电能表	0.5S 级三相三线制电子式	只	8	安装于 35kV 开关柜
5.4	10kV 多功能电能表	0.5S 级三相三线制电子式	只	22	安装于 10kV 开关柜
6	电源系统				
6.1	交流电源柜	含事故照明回路	面	3	
6.2	直流充电柜	含 20A 充电模块 6 个，集成监控装置 1 套	面	1	
6.3	直流馈电柜	每面含 40A 空开 8 个，32A 空开 8 个，25A 空开 8 个，16A 空开 24 个	面	2	
6.4	直流蓄电池	DC 220V，含免维护阀控铅酸蓄电池 1 套：400Ah、2V、104 只	组	1	
6.5	UPS 电源柜	含 UPS 装置 1 套：7.5kVA	面	1	

续表

序号	产品名称	型号及规格	单位	数量	备注
6.6	DC/DC通信电源柜	含40A通信电源模块4套	面	1	
7	公用系统				
7.1	时间同步系统柜	含：GPS/北斗互备主时钟及高精度守时主机单元，且输出口数量满足站内设备远景使用需求	面	1	
7.2	辅助设备智能监控系统	含后台主机、视频监控服务器、机架式液晶显示器、交换机、横向隔离装置等，组屏1面	1	套	
7.2.1	一次设备在线监测子系统		1	套	
1)	变压器在线监测系统	包含油温油位数字化远传表计、铁芯夹件接地电流、中性点成套设备避雷器泄漏电流数字化远传表计	套	1	
2)	GIS在线监测系统	绝缘气体密度远传表计、GIS内置避雷器泄漏电流数字化远传表计	套	1	
7.2.2	火灾消防子系统	包括消防信息传输控制单元含柜体一面、模拟量变送器等设备，配合火灾自动报警系统，实现站内火灾报警信息的采集、传输和联动控制	1	套	
7.2.3	安全防卫子系统	配置安防监控终端、防盗报警控制器、门禁控制器、电子围栏、红外双鉴探测器、红外对射探测器、声光报警器、紧急报警按钮等设备	1	套	
7.2.4	动环子系统	包括环监控终端、空调控制器、照明控制器、除湿机控制箱、风机控制器、水泵控制器、温湿度传感器、微气象传感器、水浸传感器、水位传感器、绝缘气体监测传感器等设备	1	套	
7.2.5	智能锁控子系统	由锁控监控终端、电子钥匙、锁具等配套设备组成。1台锁控控制器、2把电子钥匙集中部署，并配置1把备用机械紧急解锁钥匙	1	套	
7.2.6	智能巡视子系统	含智能巡视主机、硬盘录像机及摄像机等前端设备，支持枪型摄像机、球型摄像机、高清视频摄像机、红外热成像摄像机、声纹监测装置及巡检机器人等设备的接入，实现变电站巡视数据的集中采集和智能分析	1	套	
8	主变本体智能控制柜	每面含主变中性点合并单元2台，主变本体智能终端1台，相应预制电缆及附件	面	2	随主变本体供应
9	110kV GIS智能控制柜	1号、2号主变进线间隔智能控制柜2面，每面含主变110kV侧合并单元智能终端集成装置1台、相应预制电缆及附件；母线间隔智能控制柜2面，每面含母线智能终端1台、母线合并单元1台、相应预制电缆及附件；线路、桥间隔智能控制柜3面，每面含110kV智能终端合并单元集成装置2台、相应预制电缆及附件；桥间隔智能控制柜内安装2台过程层交换机	面	7	随110kV GIS供应
10	35kV智能终端合并单元集成装置		台	4	随35kV开关柜供应
	10kV智能终端合并单元集成装置		台	4	随10kV开关柜供应

续表

序号	产品名称	型号及规格	单位	数量	备注
11	故障录波器柜	含 1 台故障录波器	面	1	
12	网络分析柜	含 1 台网络记录仪，2 台网络分析仪，1 台过程层中心交换机	面	1	
13	二次部分光/电缆及附件				
13.1	控制电缆	ZR-KVVP2-22-4×1.5	m	2074	（根据具体工程实际情况核实数量）
		ZR-KVVP2-22-7×1.5	m	1597	
		ZR-KVVP2-22-10×1.5	m	241	
		ZR-KVVP2-22-14×1.5	m	151	
		ZR-KVVP2-22-7×2.5	m	302	
		ZR-KVVP2-22-4×4	m	5103	
		ZR-KVVP2-22-7×4	m	498	
13.2	电力电缆	ZR-VV22-1×95	m	50	
		ZR-VV22-3×16+1×10	m	175	
		ZR-VV22-3×10+1×6	m	233	
		ZR-VV22-2×10	m	233	
		ZR-VV22-2×16	m	472	
13.3	铠装多模预制光缆		m	2170	
13.4	铠装多模尾缆	监控厂家提供	m	681	
13.5	免熔接光配箱	MR-3S/12ST	台	5	
		MR-2S/24ST	台	32	
13.6	光缆连接器		台	72	
13.7	光缆槽盒	150mm×200mm 要求防火	km	0.3	
13.8	铠装超五类屏蔽双绞线		m	1445	监控厂家提供
13.9	辅助系统及火灾报警用埋管	镀锌钢管 φ32	m	1000	
14	35kV 消弧线圈控制柜	含控制器 2 台	面	1	随一次设备供货
15	10kV 消弧线圈控制柜	含控制器 2 台	面	1	随一次设备供货
16	智能标签生成及解析系统		套	1	
16.1	高级应用软件	变电站端自动化系统顺序控制；变电站保护信息远传显示；扩展防误闭锁功能应用；变电站端信息分类分层；智能告警；状态可视化；源端维护等功能	套	1	

续表

序号	产 品 名 称	型 号 及 规 格	单位	数量	备 注
16.2	网络打印机	本期及远景1台网络打印机、2台移动激光打印机（带移动小车），取消柜内打印机	套	2	
16.3	调度数据网设备柜	共2套，每套含：数据网交换机2台（每台配双电源模块），数据网接入路由器1台（配双电源模块），纵向加密认证2台（每台配双电源模块），网络安全监测装置1台（配双电源模块）	面	2	应对设备双电源状态进行监测
17	间隔层设备				
17.1	主变测控柜	主变三侧及本体测控共4台	面	2	
17.2	220kV线路、母联测控装置		台	6	
17.3	10kV线路保护测控集成装置		台	16	安装于10kV线路开关柜上
17.4	10kV电容器保护测控集成装置		台	8	安装于10kV电容器开关柜上
17.5	10kV接地变保护测控集成装置		台	2	安装于10kV接地变开关柜上
17.6	10kV分段保护测控集成装置（含备自投功能）		台	1	安装于10kV分段开关柜上
17.7	10kV母线测控装置		台	2	安装于10kV PT开关柜上
17.8	10kV电压并列装置		台	1	安装于10kV隔离开关柜上
18	过程层设备				
18.1	智能终端				
	220kV母线智能终端		套	2	
	220kV线路智能终端		套	8	
	220kV母联智能终端		套	2	
	220kV分段智能终端		套	2	
	110kV母线智能终端		套	2	
	主变压器220kV侧智能终端		套	4	
	主变压器本体智能终端		套	2	
18.2	合并单元				
	220kV母线合并单元		套	2	
	220kV线路合并单元		套	8	

续表

序号	产　品　名　称	型　号　及　规　格	单位	数量	备　注
	220kV 母联合并单元		套	4	
	220kV 分段合并单元		套	2	
	110kV 母线合并单元		套	2	
	主变压器 220kV 侧合并单元		套	4	
	主变压器本体合并单元		套	4	
18.3	合智一体化装置				
	110kV 线路合智一体化装置		套	4	
	110kV 母联合智一体化装置		套	1	
	主变压器 110kV 侧、10kV 侧合智一体化装置		套	8	
18.4	220kV 过程层中心交换机	16 光口＋4 千兆光口交换机	台	4	安装于 220kV 两面母线保护柜中
18.5	110kV 过程层交换机柜	16 光口＋4 千兆光口交换机 6 台	面	1	
18.6	220kV 线路过程层交换机	16 光口交换机	台	8	安装在 220kV 线路保护测控柜
18.7	220kV 母联过程层交换机	16 光口交换机	台	2	安装在 220kV 母联保护测控柜
18.8	220kV 分段过程层交换机	16 光口交换机	台	2	安装在 220kV 分段保护测控柜
18.9	220kV 主变进线过程层交换机	16 光口交换机	台	4	安装在主变保护柜
18.10	110kV 主变进线过程层交换机	16 光口交换机	台	4	安装在主变保护柜
19	网络记录分析装置柜	分析装置 2 台、采集装置 4 台	面	2	
20	主变压器保护				
20.1	主变保护柜 1	主变保护装置 1 套、预留 2 台交换机位置	面	2	
20.2	主变保护柜 2	主变保护装置 1 套、预留 2 台交换机位置	面	2	
21	变电站时间同步系统				
21.1	时间同步主时钟柜	双钟冗余配置 2 套（每台配双电源模块）、天线 4 套（GPS 及北斗各 2 套）	面	1	应对设备双电源状态进行监测
21.2	时间同步扩展柜	安装在 110kV 预制舱和 220kV 预制舱	面	2	
22	一体化电源系统				
22.1	直流子系统				
	高频电源充电装置屏	微机型，GZD（W）型，7×20A（N），220V	面	2	

续表

序号	产品名称	型号及规格	单位	数量	备注
	直流联络柜	微机型，GZD（W）型，含一体化电源监控	面	1	
	直流馈线柜	微机型，GZD（W）型	面	4	
	直流分屏	微机型，GZD（W）型	面	4	
	通信电源屏	DC/DC 转换 20A×4	面	2	
	直流系统通信线缆	屏蔽双绞线 200m，无金属光纤 200m	套	1	
22.2	UPS 电源子系统				
	UPS 电源柜	10kVA 2 台，并机方式；每面屏含 20 个馈线空开	面	2	
22.3	交流子系统				
	交流进线柜	每面含 ATS 开关 1 套，控制单元 1 套	面	2	
	交流馈线柜		面	4	
23	智能辅助控制系统				
23.1	智能辅助系统主机		面	1	
23.2	图像监视及安全警卫子系统	含视频监控服务器柜及摄像机等	套	1	
23.3	火灾报警子系统		套	1	
23.4	环境信息采集子系统		套	1	
23.5	高压脉冲电网	四区控制	套	1	
23.6	门禁系统		套	1	
24	计量系统				
24.1	主变电能表柜	含数字式多功能电能表 6 块（有功 0.5S，无功 2.0）	面	1	
24.2	220kV 线路电能表	含数字式多功能电能表 4 块（有功 0.5S，无功 2.0）	面	1	
24.3	110kV 线路电能表	含数字式多功能电能表 4 块（有功 0.5S，无功 2.0）	面	1	
24.4	10kV 电能表	电子式多功能电能表（有功 0.5S，无功 2.0）	块	26	安装于各间隔开关柜中
24.5	电能量终端采集装置		套	1	安装于主变电能表柜中
25	主变排油充氮控制系统	含消防柜 2 面，控制柜 1 面	套	1	
26	状态监测系统		套	1	
26.1	主变压器在线监测系统				

续表

序号	产　品　名　称	型　号　及　规　格	单位	数量	备　　注
	主变油色谱在线监测 IED	安装于就地布置的在线监测智能控制柜内	套	2	
	在线监测智能控制柜	每台主变 1 面，就地安装	面	2	
	主变油色谱在线监测系统软件	与综合服务器整合需要	套	1	
26.2	避雷器在线监测系统				
	避雷器在线监测传感器	安装在 220kV 侧避雷器	只	1	
	避雷器在线监测 IED	安装在母线智能控制柜	台	1	
	避雷器在线监测系统软件	与综合服务器整合	套	1	
27	二次设备预制舱				
27.1	110kV 二次设备预制舱	Ⅱ型（9200mm×2800mm×3133mm）	个	1	
27.2	220kV 二次设备预制舱	Ⅱ型（12200mm×2800mm×3133mm）	个	1	
27.3	220kV 集中接线柜	预留免熔光配位置	面	1	
27.4	110kV 集中接线柜	预留免熔光配位置	面	1	
27.5	空屏柜		面	1	
28	其他材料				
28.1	火灾系统及图像监视安全及警卫系统用钢管	φ25	m	150	
28.2	在线监测系统埋管	φ25	m	200	
28.3	24 芯预制光缆（双端）	80 根	m	800	
28.4	4 芯预制光缆（双端）	40 根	m	200	
28.5	24 芯预制光缆连接器	含电缆头及配套组件	对	160	
28.6	4 芯预制光缆连接器	含电缆头及配套组件	对	8	
28.7	控制电缆		km	1	
28.8	光缆跳线	1.5m/根	根	800	
28.9	光纤尾纤	20m/根	根	200	
28.10	监控系统屏蔽双绞线	超五类屏蔽双绞线（满足工程需要）	m	100	
28.11	监控系统以太网线	超五类屏蔽以太网线（满足工程需要）	m	2000	

表 9－7　　　　　　　　　　　　　　　　　　土建主要设备材料清册

序号	设 备 名 称	型 号 及 规 格	单位	数量	备 注
一	给水部分				
1	PE 复合给水管	DN110	m	32	
2	蝶阀	DN100，P_N＝1.6MPa	只	2	
3	倒流防止器	DN100，P_N＝1.6MPa	只	1	
4	水表	DN100，水平旋翼式，P_N＝1.0MPa	只	1	
5	水表井	钢筋混凝土，$A \times B$＝2150mm×1100mm	座	1	
6	阀门井	Φ1000	座	1	
二	排水部分				
1	PE 双壁波纹管	De315，环刚度≥8kN/m²	m	205	
2	PE 双壁波纹管	De225，环刚度≥8kN/m²	m	60	
3	PE 双壁波纹管	De110，环刚度≥8kN/m²	m	5	
4	混凝土雨水检查井	Φ1000	座	10	
5	混凝土污水检查井	Φ1000	座	1	
6	热镀锌钢管	DN200	m	25	
7	UPVC 排水管	DN300	m	22	
8	铸铁井盖及井座	Φ1000，重型	套	27	
9	化粪池	2 号钢筋混凝土	座	1	
10	单算雨水口	680×380	个	21	
三	消防部分				
（一）	消防泵房部分				
1	消防水泵	Q＝45L/s，H＝50m	台	2	
	消防水泵配套电机	U＝380V，N＝45kW	台	2	
	自动巡检装置				
2	消防增压给水设备				
	气压罐		台	1	
	增压泵	Q＝1L/s，H＝65m，N＝3.0kW	台	2	
3	装配式消防水箱	不锈钢，$A \times B \times H$＝3500mm×3000mm×2000mm	台	1	

续表

序号	设 备 名 称	型 号 及 规 格	单位	数量	备 注
4	潜水排污泵	$Q=43\mathrm{m}^3/\mathrm{h}$，$H=13\mathrm{m}$，$N=3\mathrm{kW}$	台	2	
5	手动葫芦	起吊重量 1t，起升高度 9m	台	1	
6	压力表	$0\sim1.6\mathrm{MPa}$	个	4	
7	压力表	$0\sim0.6\mathrm{MPa}$	个	2	
8	电接点压力开关	$0\sim0.1\mathrm{MPa}$	个	1	
9	真空表	$-0.15\sim0\mathrm{MPa}$	个	4	
10	液位传感器		套	1	
11	闸阀	DN250，$P_\mathrm{N}=1.6\mathrm{MPa}$	只	2	
12	闸阀	DN200，$P_\mathrm{N}=1.6\mathrm{MPa}$	只	2	
13	蝶阀	DN200，$P_\mathrm{N}=1.6\mathrm{MPa}$	只	1	
14	闸阀	DN150，$P_\mathrm{N}=1.6\mathrm{MPa}$	只	1	
15	闸阀	DN100，$P_\mathrm{N}=1.6\mathrm{MPa}$	只	1	
16	闸阀	DN80，$P_\mathrm{N}=1.6\mathrm{MPa}$	只	2	
17	闸阀	DN65，$P_\mathrm{N}=1.6\mathrm{MPa}$	只	2	
18	闸阀	DN50，$P_\mathrm{N}=1.6\mathrm{MPa}$	只	1	
19	泄压阀	DN150，$P_\mathrm{N}=1.6\mathrm{MPa}$	只	1	
20	试水阀	DN65，$P_\mathrm{N}=1.6\mathrm{MPa}$	只	2	
21	止回阀	DN100，$P_\mathrm{N}=1.6\mathrm{MPa}$	只	2	
22	止回阀	DN200，$P_\mathrm{N}=1.6\mathrm{MPa}$	只	2	
23	止回阀	DN50，$P_\mathrm{N}=1.6\mathrm{MPa}$	只	1	
24	液压水位控制阀	DN100，$P_\mathrm{N}=1.0\mathrm{MPa}$	只	1	
25	泄压阀	DN100，$P_\mathrm{N}=1.6\mathrm{MPa}$	只	1	
26	可曲挠橡胶接头	DN80，$P_\mathrm{N}=0.6\mathrm{MPa}$	个	2	
27	可曲挠橡胶接头	DN100，$P_\mathrm{N}=0.6\mathrm{MPa}$	个	2	
28	可曲挠橡胶接头	DN200，$P_\mathrm{N}=0.6\mathrm{MPa}$	个	2	
29	可曲挠橡胶接头	DN250，$P_\mathrm{N}=0.6\mathrm{MPa}$	个	2	
30	90°等径三通	DN65，Q235	个	1	

续表

序号	设 备 名 称	型 号 及 规 格	单位	数量	备 注
31	90°等径三通	DN80，Q235	个	1	
32	90°等径三通	DN200，Q235	个	1	
33	异径三通	DN200/80，Q235	个	1	
34	异径三通	DN200/65，Q235	个	2	
35	异径三通	DN150/100，Q235	个	1	
36	偏心异径管	DN50/80，Q235	个	2	
37	偏心异径管	DN150/250，Q235	个	2	
38	同心异径管	DN150/200，Q235	个	2	
39	同心异径管	DN150/100，Q235	个	1	
40	吸水喇叭口	DN250/400	个	2	
41	吸水喇叭口	DN80/100	个	1	
42	吸水喇叭支架	ZB1，ϕ274×426	个	2	
43	溢流喇叭口	DN150	个	1	
44	镀锌钢管	DN250	m	5	
45	镀锌钢管	DN200	m	13	
46	镀锌钢管	DN150	m	11	
47	镀锌钢管	DN100	m	6	
48	镀锌钢管	DN80	m	4	
49	镀锌钢管	DN65	m	8	
50	镀锌钢管	DN50	m	3	
51	压力检测装置	计量精度 0.5 级	个	1	
（二）	室外消防部分				
52	室外消火栓	SS100/65－1.6型，出水口联接为内扣式	套	4	
53	轻型复合井盖及井座	ϕ700mm	套	4	
54	消火栓井	ϕ1200mm	座	4	
55	镀锌钢管	DN65	m	35	
56	镀锌钢管	DN100	m	4	

续表

序号	设 备 名 称	型 号 及 规 格	单位	数量	备　注
57	镀锌钢管	DN200	m	250	
58	蝶阀	DN200，P_N=1.6MPa	套	3	
59	阀门井	ϕ1200mm	座	3	
60	柔性橡胶接头	DN200	套	3	
61	铸铁井盖及井座	ϕ700，重型	套	3	
62	消防沙箱	1m³，含消防铲、消防桶等	套	2	
63	推车式干粉灭火器	MFTZ/ABC50	具	2	
64	消防棚		个	1	
（三）	室内消防部分				
65	室内消火栓		套	7	
66	蝶阀	DN65，P_N=1.6MPa	套	3	
67	镀锌钢管	DN65，P_N=1.6MPa	m	30	
68	电伴热	1kW	套	7	
69	手提式干粉灭火器	MFZ/ABC4	具	42	
四	暖通				
1	低噪声轴流风机	风量：5881m³/h，全压：113Pa	台	9	
		电源：380V/50Hz，电机功率：0.25kW			
2	低噪声轴流风机	风量：3920m³/h，全压：68Pa	台	4	
		电源：380V/50Hz，电机功率：0.15kW			
3	防爆轴流风机	风量：1649m³/h，全压152Pa	台	1	
		电源：380V/50Hz，电机功率：0.12kW			
4	分体柜式空调机	功率：1.5kW，制冷/制热量：2.6/2.9kW	台	2	
5	分体柜式空调机	规格：7.55kW，制冷/制热量：12/14kW	台	2	
6	分体壁挂式冷暖空调	功率：2.5kW，制冷/制热量：2.6/2.9kW	台	2	
7	防爆分体柜式空调	规格：2.5kW，制冷量：12kW	台	1	
8	除湿机	规格：日除湿量210L/d，功率：5kW	台	2	
9	电取暖器	制热量：2.0kW，电源：220V，50Hz	台	25	

续表

序号	设　备　名　称	型　号　及　规　格	单位	数量	备　注
10	电取暖器（防爆型）	制热量：2.5kW，电源：220V，50Hz	台	1	
11	吸顶式换气扇	风量：90m³/h，风压：96Pa	台	2	
12	单层防雨百叶风口	规格：直径110，不锈钢制作	个	2	
13	铝合金防飘雨防尘百叶窗	规格：1500mm×400mm（高）	套	10	
14	单层百叶式风口	规格：1200mm×550mm（高）铝合金	套	3	

第10章 JB‑110‑A3‑3通用设计实施方案

10.1 JB‑110‑A3‑3方案设计说明

本实施方案主要设计原则详见方案技术条件表，与通用设计无差异。

表 10‑1   JB‑110‑A3‑3方案主要技术条件表

序号	项 目		技 术 条 件
1	建设规模	主变压器	本期 2 台 50MVA，远期 3 台 50MVA
		出线	110kV：本期 2 回，远期 3 回； 10kV：本期 24 回，远期 36 回
		无功补偿装置	10kV 并联电容器：本期及远期配置 2 组无功补偿装置，按照（3.6Mvar＋4.8Mvar）电容器配置
2	站址基本条件		海拔小于 1000m，设计基本地震加速度 0.10g，设计风速≤30m/s，地基承载力特征值 f_{ak}＝150kPa，无地下水影响，场地同一设计标高
3	电气主接线		110kV 本期采用内桥接线，远景采用内桥＋线变组接线； 10kV 本期采用单母线分段接线，远景采用单母线四分段接线
4	主要设备选型		110kV、10kV 短路电流控制水平分别为 40kA、31.5kA； 主变压器采用户外三相双绕组、有载调压电力变压器；110kV 采用户内 GIS；10kV 采用开关柜；10kV 并联电容器采用框架式
5	电气总平面及配电装置		主变压器户外布置； 110kV：户内 GIS，全电缆出线； 10kV：户内开关柜局部双列布置，电缆出线

续表

序号	项 目	技 术 条 件
6	二次系统	全站采用模块化二次设备、预制式智能控制柜及预制光电缆的二次设备模块化设计方案； 变电站自动化系统按照一体化监控设计； 采用常规互感器＋合并单元； 110kV GOOSE 与 SV 共网，保护直采直跳； 主变压器采用保护、测控独立装置，110kV 采用保护测控集成装置，10kV 采用保护测控集成装置； 采用一体化电源系统，通信电源不独立设置； 间隔层设备下放布置，公用及主变二次设备布置在二次设备室
7	土建部分	围墙内占地面积 0.3524hm²； 全站总建筑面积 829m²； 建筑物结构型式为装配式钢框架结构； 建筑物外墙采用一体化铝镁复合板或纤维水泥复合板，内墙采用纤维水泥复合墙板、轻钢龙骨石膏板或一体化纤维水泥集成墙板，屋面板采用钢筋桁架楼承板； 围墙采用大砌块围墙或装配式围墙或通透式围墙； 构、支架基础采用定型钢模浇筑，构支架与基础采用地脚螺栓连接

10.2 JB－110－A3－3方案卷册目录

表 10－2 　　　　　　　　　　　　　　　　电 气 一 次 卷 册 目 录

专业	序号	卷 册 编 号	卷 册 名 称	专业	序号	卷 册 编 号	卷 册 名 称
电气一次	1	JB－110－A3－3－D0101	电气一次施工图说明及主要设备材料清册	电气一次	6	JB－110－A3－3－D0106	10kV 并联电容器安装
	2	JB－110－A3－3－D0102	电气主接线图及电气总平面布置图		7	JB－110－A3－3－D0107	10kV 接地变及消弧线圈安装
	3	JB－110－A3－3－D0103	110kV 配电装置		8	JB－110－A3－3－D0108	全站防雷接地
	4	JB－110－A3－3－D0104	10kV 配电装置		9	JB－110－A3－3－D0109	全站动力及照明
	5	JB－110－A3－3－D0105	主变压器安装		10	JB－110－A3－3－D0110	光缆（电缆）敷设及防火封堵

表 10 - 3　　　　　　　电 气 二 次 卷 册 目 录

专 业	序号	卷 册 编 号	卷 册 名 称
电气二次	1	JB－110－A3－3－D0201	二次系统施工图设计说明及设备材料清册
	2	JB－110－A3－3－D0202	公用设备二次线
	3	JB－110－A3－3－D0203	变电站自动化系统
	4	JB－110－A3－3－D0204	主变压器保护及二次线
	5	JB－110－A3－3－D0205	110kV 线路保护及二次线
	6	JB－110－A3－3－D0206	110kV 桥保护及二次线
	7	JB－110－A3－3－D0207	故障录波及网络记录分析系统
	8	JB－110－A3－3－D0208	10kV 二次线
	9	JB－110－A3－3－D0209	时间同步系统
	10	JB－110－A3－3－D0210	交直流电源系统
	11	JB－110－A3－3－D0211	辅助设备智能监控系统
	12	JB－110－A3－3－D0212	火灾报警系统
	13	JB－110－A3－3－D0213	系统调度自动化
	14	JB－110－A3－3－D0214	系统及站内通信

表 10 - 4　　　　　　　土 建 卷 册 目 录

专 业	序号	卷 册 编 号	卷 册 名 称
土建	1	JB－110－A3－3－T0101	土建施工总说明及卷册目录
	2	JB－110－A3－3－T0102	总平面布置图
	3	JB－110－A3－3－T0201	配电装置室建筑施工图
	4	JB－110－A3－3－T0202	配电装置室结构施工图
	5	JB－110－A3－3－T0203	配电装置室设备基础及埋件施工图
	6	JB－110－A3－3－T0204	附属房间建筑施工图
	7	JB－110－A3－3－T0205	附属房间结构施工图
	8	JB－110－A3－3－T0301	主变场地基础施工图
	9	JB－110－A3－3－T0302	独立避雷针施工图
	10	JB－110－A3－3－T0401	消防泵房建筑图施工图
	11	JB－110－A3－3－T0402	消防泵房及消防水池结构施工图
	12	JB－110－A3－3－N0101	采暖、通风、空调施工图
	13	JB－110－A3－3－S0101	消防泵房安装图
	14	JB－110－A3－3－S0102	室内给排水及灭火器配置图
	15	JB－110－A3－3－S0103	室内消防管道安装图
	16	JB－110－A3－3－S0104	室外给排水及事故油池管道安装图
	17	JB－110－A3－3－S0105	事故油池施工图

10.3　JB－110－A3－3 方案主要图纸

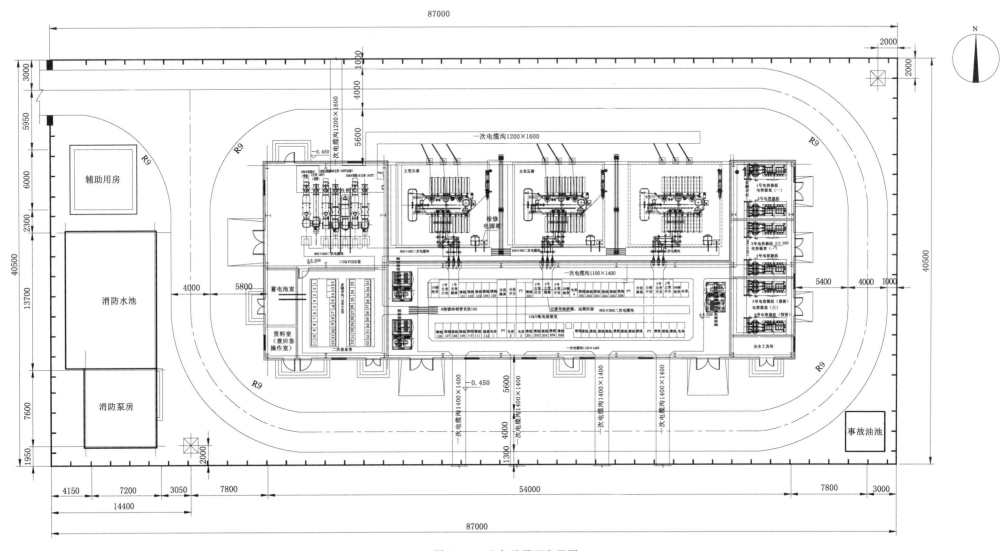

图 10-2 电气总平面布置图

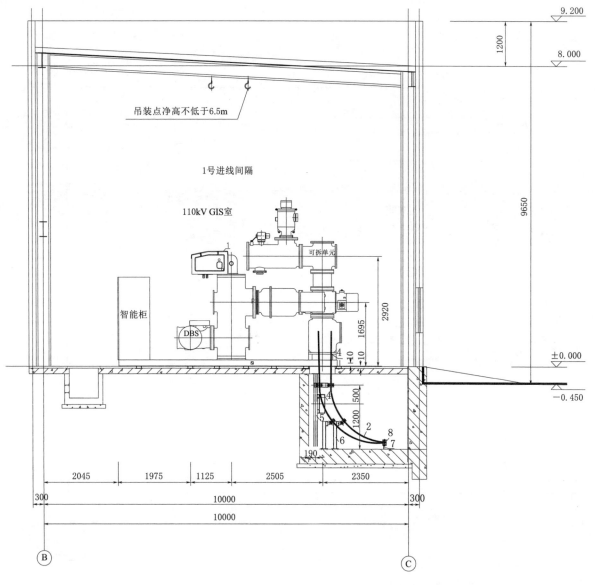

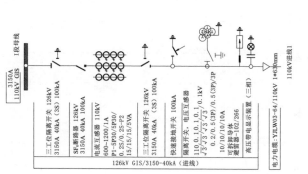

图 10-3　220kV 出线间隔断面图

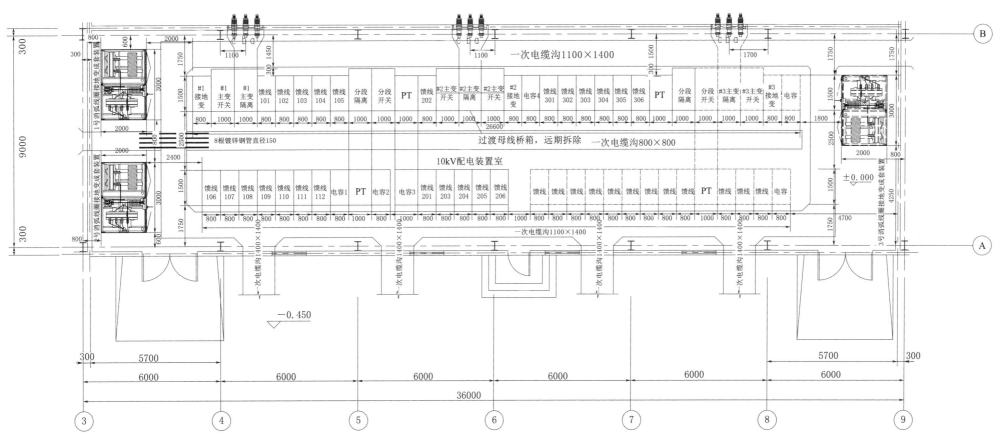

图 10-4 10kV屋内配电装置平面布置图

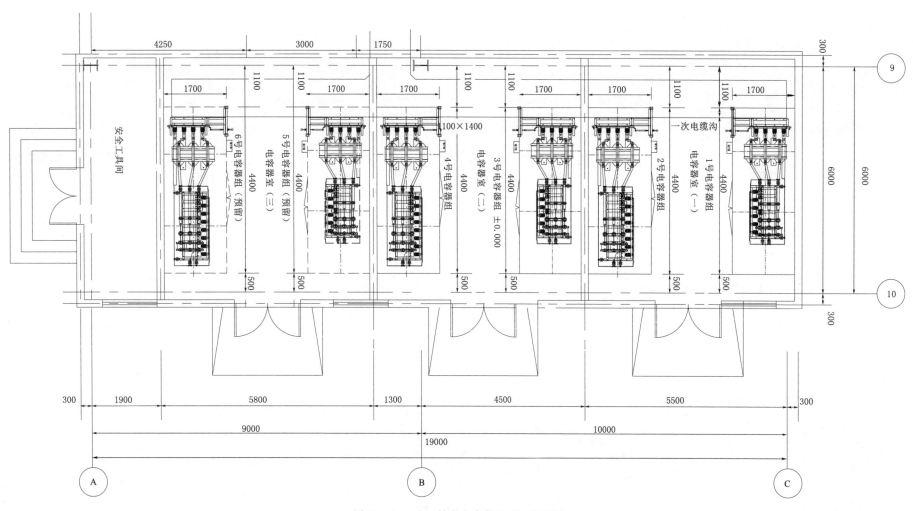

图 10-5 10kV 并联电容器组平面布置图

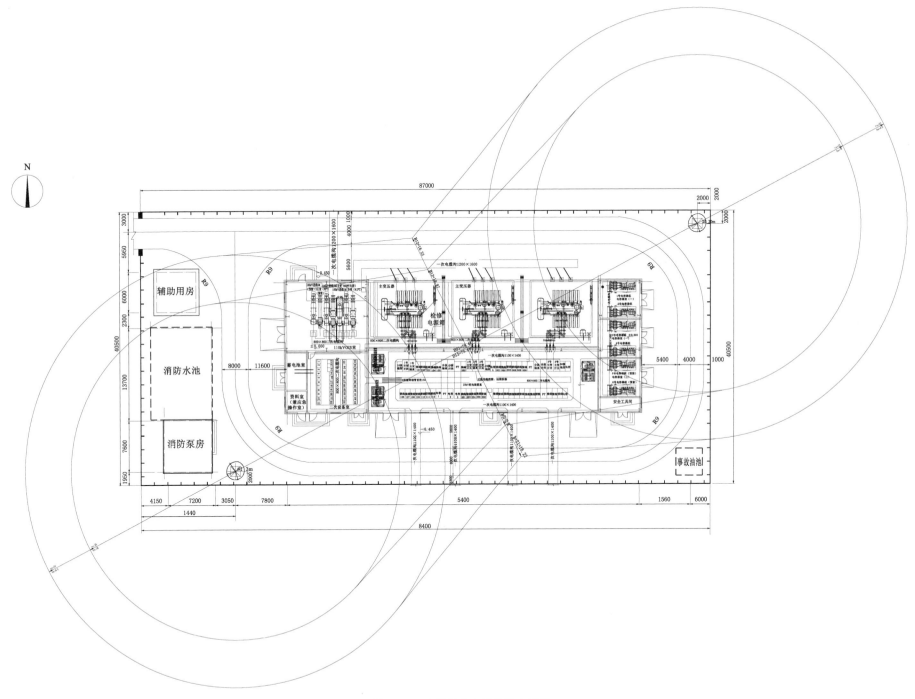

图 10-6 全站防直击雷保护布置图

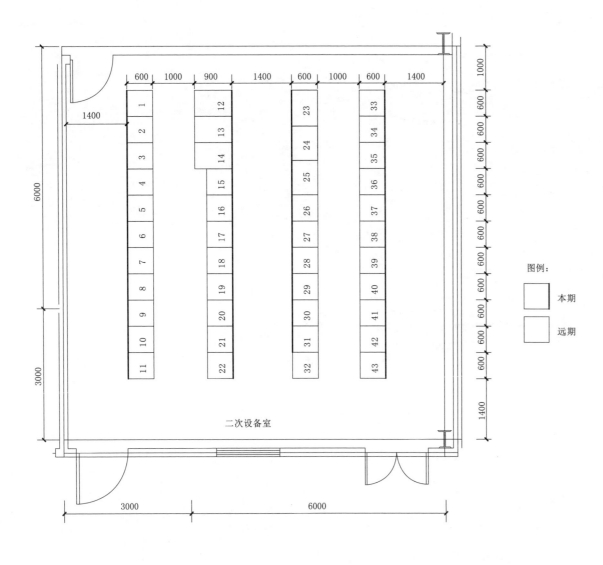

图例：

□ 本期

□ 远期

图 10-7　二次设备室屏位布置图

设备表

屏号	名称	数量			备注
		单位	本期	远期	
	二次设备室				
1	备用	面	1		
2	备用	面	1		
3	主变电能表及电量采集柜	面	1		
4	#2主变保护柜	面	1		
5	#2主变测控柜	面	1		
6	#1主变保护柜	面	1		
7	#1主变测控柜	面	1		
8	#3主变保护柜	面		1	
9	#3主变测控柜	面		1	
10	10kV消弧线圈控制柜	面	1		
11	智能辅助控制系统主机柜	面	1		
12	综合应用服务器柜	面	1		
13	监控主机柜	面	1		
14	智能防误主机柜	面	1		
15	I区数据通信网关机柜	面	1		
16	II区及III/IV区数据通信网关机柜	面	1		
17	调度数据网络设备柜1	面	1		
18	调度数据网络设备柜2	面	1		
19	公用测控柜	面	1		
20	时钟同步柜	面	1		
21	故障录波柜	面	1		
22	网络分析柜	面	1		
23	交流系统柜1	面	1		
24	交流系统柜2	面	1		
25	交流系统柜3	面	1		
26	UPS电源柜	面	1		
27	直流馈线柜1	面	1		
28	直流馈线柜2	面	1		
29	直流充电柜	面	1		
30	智能巡视主机柜	面	1		
31	站端消防传输单元柜	面	1		
32	备用	面		1	
33~43	通信柜	面	11		含DC/DC柜
	火灾报警主机	台	1		壁挂式

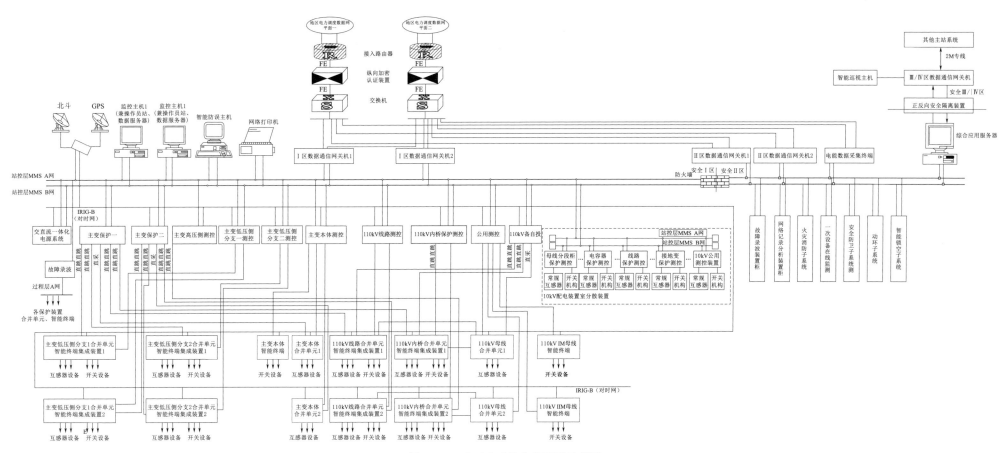

图10-8 自动化系统方案配置示意图

主要技术经济指标表

序号	指标名称		单位	数量	备注
1	站址总占地				
(1)	站区围墙内用地面积		hm²	0.3524	合5.285亩
(2)	进站道路用地面积				
(3)	其他面积				
2	进站道路长度		m		
3	站外供水管长度		m		
4	围墙外排水沟长度		m		
	进站道路排水沟长度		m		
5	站外排水管长度		m		
6	站内主电缆沟长度	0.8m×0.8m		34	混凝土电缆沟
		1.4m×1.4m		44	混凝土电缆沟
		1.2m×1.6m		46	混凝土电缆沟
7	站址土石方量：挖方		m³		
	站址土石方量：填方		m³		
(1)	站区场地平整：挖方		m³		
	站区场地平整：填方		m³		
(2)	进站道路：挖方		m³		
	进站道路：填方		m³		
(3)	(建(构)筑物基槽余土		m³		
(4)	站区土方综合平衡：弃土		m³		
	站区土方综合平衡：取土		m³		
8	站内道路面积		m²	828	
9	站内广场面积	承重型广场	m²	123.5	
		非承重型广场	m²	135.8	
10	碎石地坪（各配电装置场地)		m²	778	
11	总建筑面积		m²	912.22	
12	站区围墙长度		m	248	

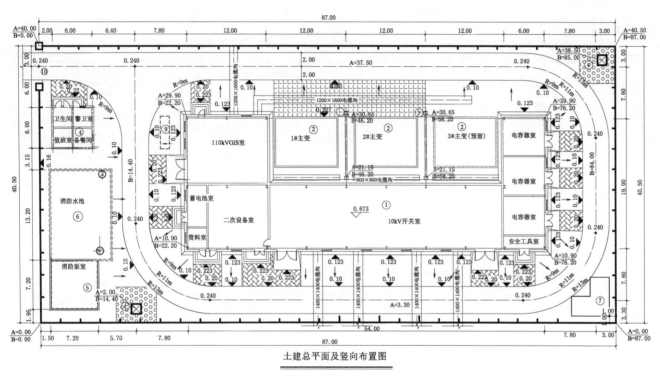

土建总平面及竖向布置图

站区建(构)筑物一览表

序号	项目名称	单位	数量	备注
①	配电装置楼	座	1	750m²
②	主变压器基础	个	2/3	
③	主变防火墙	个	2	
④	附属房间	座	1	44.89m²
⑤	消防泵房	座	1	117.33m²
⑥	消防水池	个	1	330m²
⑦	事故油池	个	1	有效储油容积26m³
⑧	独立避雷针	个	2	30m高
⑨	化粪池	个	1	
⑩	电动推拉门	个	1	

图例

	围墙		建筑物及构筑物(虚线表示为地埋式)
	道路	0.000 +	道路中心设计标高
	碎石地坪	0.000	场地设计标高
	绝缘地坪	0.000 ▽	建筑物室内0.00标高

说明：
1. 本图是依据本公司电气一次专业所提电气平面图进行总布置设计的。
2. 本图坐标系采用2000坐标系，高程采用1985国家基准高程。
   站区建筑坐标与测量坐标换算公式如下：
   $X = A\cos\theta - B\sin\theta + 0.000$
   $Y = A\sin\theta + B\cos\theta + 0.000$
   ($\theta = 0.00°$，A、B为建筑坐标，X、Y为2000坐标系统)
3. 本图中尺寸单位以m计，标高单位以m计。
4. 图中实线为本期工程，虚线为予留建(构)筑物。
5. 本图尺寸以计。
6. 场地标高为×××m~×××m。
7. 图中所注围墙坐标均为围墙中心线坐标。围墙转角均为90°。
8. 站区基槽余土作为场地终平土方回填至场地初平地面上，终平时进行场地找坡。配电装置区场地碎石顶面标高为场地设计标高，其余场地地面标高即为场地设计标高。

9. 本卷册工程做法选自国网公司《国家电网有限公司输变电工程标准工艺》变电工程土建分册(2022版)。
10. 施工须按先深后浅的顺序，并配合水工专业施工给水管道、消防管道、雨水管道等。
11. 室外监控部分见电气二次专业相关图纸，室外照明部分见电气一次相关图纸。
12. 埋管的弯曲半径为10d(d为埋管直径)，所有埋管除注明外均为镀锌钢管，各埋管应预留穿线丝，埋管埋深不小于0.60m。埋管详图见本卷册电缆隧道及埋管详图。
13. 站内视频监控等预埋管见电气二次相关图纸。
14. 电动大门电源及站外照明预埋管见电气专业照明卷册相关图纸。
15. 未注明场坪排水坡度均为0.5%。

图 10-9　土建总平面

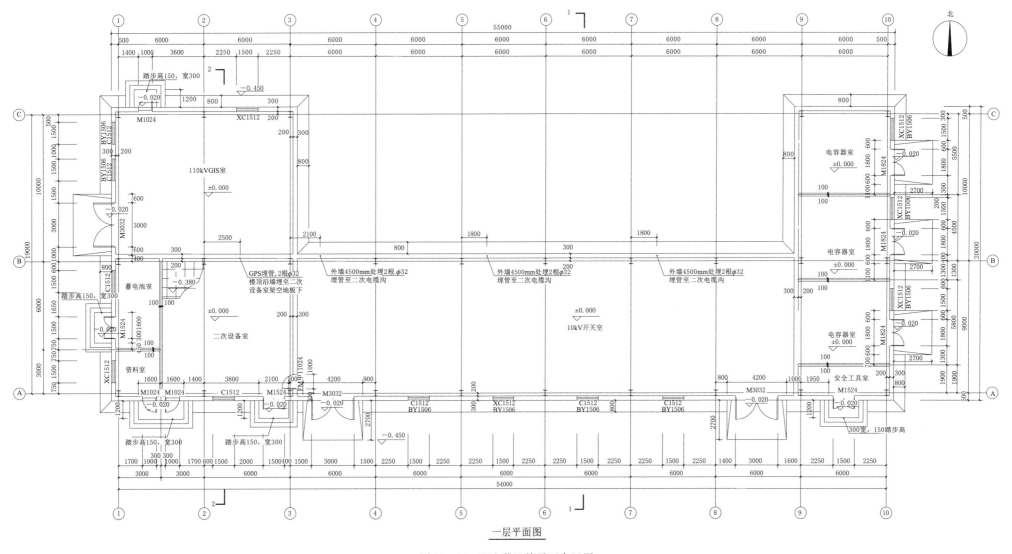

一层平面图

图 10-10 配电装置楼平面布置图

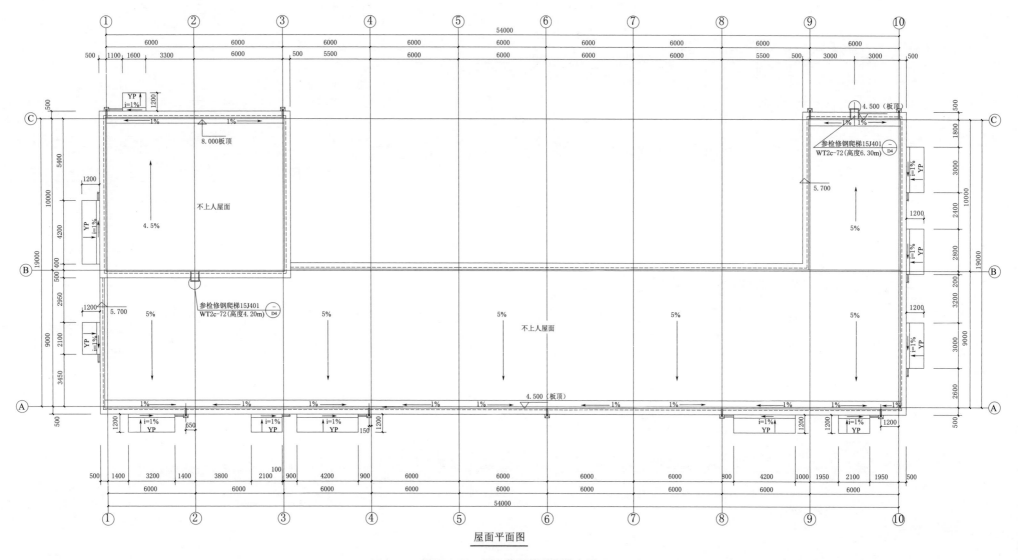

屋面平面图

图 10-11　配电装置楼屋面排水图

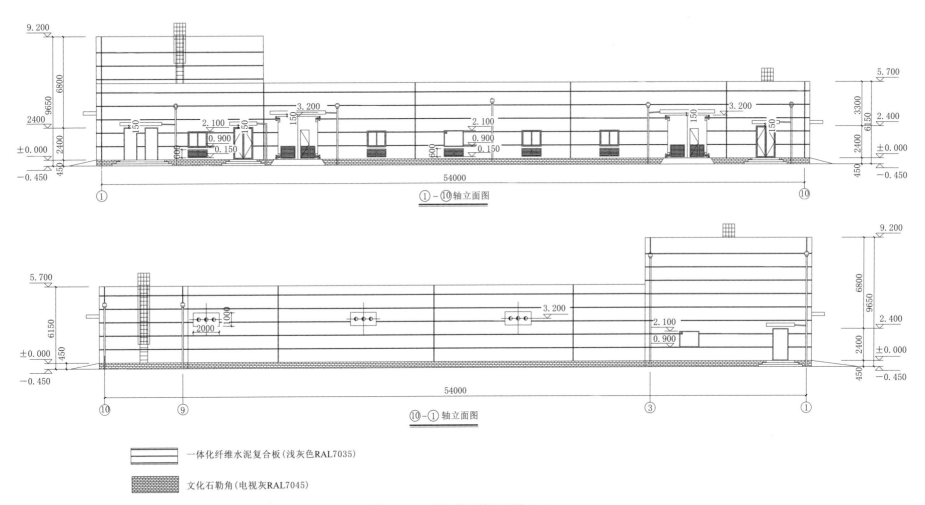

一体化纤维水泥复合板(浅灰色RAL7035)

文化石勒角(电视灰RAL7045)

图 10-12 配电装置楼立面图(一)

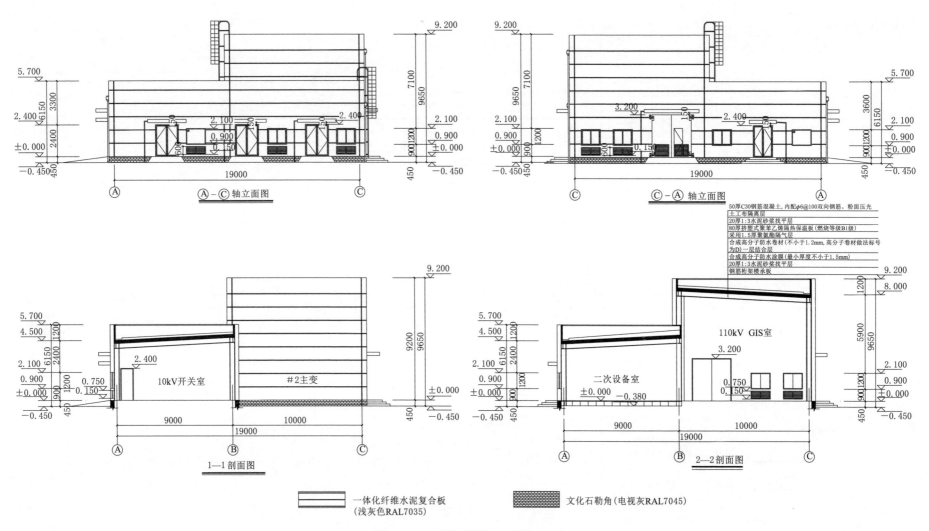

图 10-13　配电装置楼立面图（二）

10.4 JB－110－A3－3方案主要设备材料表

表 10 - 5   电气一次主要设备材料清册

序号	设 备 名 称	型 号 及 规 格	单位	数量	备 注
（一）	主变部分				
1	110kV三相双绕组有载调压变压器	一体式三相双绕组油浸自冷式有载调压 SZ11－50000/110	台	2	
		电压比：110±8×1.25％/10.5kV			
		接线组别：Ynd11			
		冷却方式：ONAN			
		$U_k\%=17$			
		中性点：LRB－60，100～300～600/1A，5P20/5P20，15VA/15VA			
		配有载调压分接开关			
		110kV套管外绝缘爬电距离不小于3150mm			
		中性点套管外绝缘爬电距离不小于1812mm			
		10kV套管外绝缘爬电距离不小于420mm			
		智能组件柜			
2	中性点成套装置	成套采购，每套含：	套	2	
		中性点单极隔离开关 GW13－72.5/630（W）			
		最高电压72.5kV，额定电流630A，爬电距离不小于1812mm			
		配电动操作机构，1台			
		避雷器，Y1.5W－72/186W，1只，附计数器			
		放电间隙棒，水平式，间隙可调，1副			
		中性点CT，15P/5P，200～400/1A，15VA/15VA			
3	钢芯铝绞线	JL/G1A－300/40	m	60	110kV高压侧引线
4	110kV电力电缆终端	110kV电缆终端，1×400，户外终端，复合套管，铜	只	6	
5	110kV电力电缆	ZC－YJLW03－64/110kV－1×400mm²	m	300	
6	钢芯铝绞线	JL/G1A－300/40	m	20	110kV中性点设备引线

续表

序号	设 备 名 称	型 号 及 规 格	单位	数量	备 注
7	90°铜铝过渡设备线夹	SYG－300/40C－130mm×110mm（长×宽）	套	8	主变高压及中性点套管接线端
8	90°铜铝过渡设备线夹	SYG－300/40C－90mm×90mm（长×宽）	套	6	110kV 电缆终端接线端
9	90°铝设备线夹	SY－240/30C－130mm×110mm（长×宽）	套	2	
10	回流线	ZC－YJV－8.7/10－1×185	m	150	
11	接地电缆	ZC－YJV－8.7/10－1×150	m	150	
12	110kV 电缆接地箱，三线直接接地	JDX－3	个	2	
13	抱箍（含螺母垫圈等）		套	12	
14	电缆固定金具	工厂化成套（非导磁材料）	套	12	
15	10kV 支柱绝缘子	ZSW－24/12.5	只	36	
16	10kV 母排	3×（TMY－100×10）	m	120	带绝缘热缩套，已折合成单根
17	矩形母线固定金具	MWP－204T/φ140（4－M12）	套	36	用于 10kV 母线桥
18	母线间隔垫	MJG－04	套	120	约 0.5m 一套
19	母线伸缩节	MST－125×12	套	36	
20	10kV 避雷器	HY5WZ－17/45	只	6	
21	铜排	TMY－30×4	m	6	用于 35kV、10kV 避雷器引上接母排
22	1kV 绝缘线	YJY－1×35mm	m	20	10kV 避雷器在线监测仪安装
23	镀锌槽钢	［10　L＝1100mm	根	2	
24	镀锌扁钢	－5×100×120 热镀锌	块	6	
25	镀锌槽钢	［10　L＝1300mm	根	2	
26	镀锌槽钢	［14a　L＝1200mm	根	8	
27	镀锌槽钢	［14a	m	20	
28	不锈钢槽盒	200×100	m	20	不锈钢槽盒
29	10kV 支柱绝缘子支架加工图（1）	见图 D0105－08	套	6	
30	10kV 支柱绝缘子支架加工图（2）	见图 D0105－09	套	4	
31	10kV 支柱绝缘子支架加工图（3）	见图 D0105－10	套	8	
32	10kV 支柱绝缘子支架加工图（4）	见图 D0105－11	套	2	

续表

序号	设 备 名 称	型 号 及 规 格	单位	数量	备 注
（二）	110kV 配电装置部分				
1	110kV 组合电器	户内，SF$_6$ 气体绝缘全密封（GIS），三相共箱布置	套	2	电缆出线
		U_N＝110kV，最高工作电压 126kV，额定电流：3150A			
		断路器，3150A，40kA，1 台			
		隔离开关，3150A，40kA/3s，2 组			
		电流互感器，600～1200/1，5P30/5P30/0.2S/0.2S，15/15/15/5VA			
		快速接地开关，40kA/3s，1 组			
		接地开关，40kA/3s，2 组			
		就地汇控柜，1 台			
		电压互感器 $\dfrac{110}{\sqrt{3}}\Big/\dfrac{0.1}{\sqrt{3}}\Big/\dfrac{0.1}{\sqrt{3}}\Big/\dfrac{0.1}{\sqrt{3}}\Big/0.1$kV，0.2/0.5(3P)/0.5(3P)/3P　10/10/10/10VA			
		避雷器，102/266kV			
2	110kV 组合电器	户内，SF$_6$ 气体绝缘全密封（GIS），三相共箱布置	套	2	主变进线（母设）间隔
	主变	U_N＝110kV 最高工作电压 126kV，额定电流：3150A			
		断路器，3150A，40kA/3s，1 台			
		电流互感器，300～600/1，5P30/0.2S，15/5VA，3 只			
		隔离开关，3150A，40kA/3s，1 组			
		接地开关，3150A，40kA/3s，2 组			
		带电显示器，三相，1 组			
		就地汇控柜，1 台			
	PT	电压互感器，$\dfrac{110}{\sqrt{3}}\Big/\dfrac{0.1}{\sqrt{3}}\Big/\dfrac{0.1}{\sqrt{3}}\Big/\dfrac{0.1}{\sqrt{3}}\Big/0.1$kV，0.2/0.5(3P)/0.5(3P)/3P　10/10/10/10VA			
		接地开关，40kA/3s，1 组			
		隔离开关，3150A，40kA/3s，1 组			

续表

序号	设 备 名 称	型 号 及 规 格	单位	数量	备 注
		快速接地开关，40kA/3s，1 组			
3	110kV 组合电器	户内，SF_6 气体绝缘全密封（GIS），三相共箱布置	套	1	内桥间隔
		U_N＝110kV，最高工作电压 126kV，额定电流：3150A			
		断路器，3150A，40kA/3s，1 台			
		电流互感器，600～1200/1，5P30/5P30/0.2S/0.2S，15/15/15/5VA			
		隔离开关，3150A，40kA/3s，2 组			
		接地开关，3150A，40kA/3s，2 组			
		就地汇控柜，1 只			
4	110kV 电力电缆终端	110kV 电缆终端，1×400，GIS 终端，预制，铜	只	6	
5	110kV 电缆接地箱，带护层保护器	JDXB-3	个	2	
6	电缆引上支架	见图 D0103-10	套	2	热镀锌
7	电缆引上衔接支架	见图 D0103-10	套	6	用于 110kV 避雷器安装
	电缆贴地面敷设支架	见图 D0103-10	套	2	
8	成套电缆抱箍		套	18	铝合金，与电缆外径匹配
（三）	10kV 配电装置部分				
1	10kV 开关柜	断路器柜	台	3	主变进线柜
		金属铠装移开式高压开关柜，12kV，4000A，40kA/3s			
		真空断路器，12kV，4000A，40kA/3s，1 台			
		电流互感器，4000/1A，5P30/5P30/0.2S/0.2S，15/15/15/5VA，3 只			
		带电显示器（三相），1 组			
		综合状态指示仪，1 套			
		架空上进线			
		柜体尺寸：（宽×深）1000mm×1800mm			
2	10kV 开关柜	隔离柜	台	2	主变进线隔离柜
		金属铠装移开式高压开关柜，12kV，4000A，40kA/3s			
		隔离手车，12kV，4000A，40kA/3s，1 台			

续表

序号	设 备 名 称	型 号 及 规 格	单位	数量	备 注
		带电显示器（三相），1组			
		综合状态指示仪，1套			
		柜体尺寸：（宽×深）1000×1800			
3	10kV 开关柜	断路器柜	台	1	分段断路器柜
		金属铠装移开式高压开关柜，12kV，4000A，40kA/3s			
		真空断路器，12kV，4000A，40kA/3s，1台			
		电流互感器，4000/1A，5P30/0.2，15/15VA，3只			
		带电显示器（三相），1组			
		综合状态指示仪，1套			
		柜体尺寸：（宽×深）1000×1500			
4	10kV 开关柜	隔离柜	台	2	分段隔离柜
		金属铠装移开式高压开关柜，12kV，4000A，40kA/3s			
		隔离手车，12kV，4000A，40kA/3s，1台			
		带电显示器（三相），1组			
		综合状态指示仪			
		柜体尺寸：（宽×深）1000×1500			
5	10kV 开关柜	断路器柜	台	24	电缆出线柜
		金属铠装移开式高压开关柜，12kV，1250A，31.5kA/3s			
		真空断路器，12kV，1250A，31.5kA/3s，1台			
		电流互感器，300～600/1A，5P30/0.2/0.2S，15VA/15VA/5VA，3只			
		接地开关，31.5kA/3s，1组			
		无间隙氧化锌避雷器5kA，HY5WZ-17/45kV，3只			
		带电显示器（三相），1组			
		综合状态指示仪			
		电缆下出线			
		柜体尺寸：（宽×深）800×1500			
6	10kV 开关柜	母线设备柜	台	3	母线设备柜

续表

序 号	设 备 名 称	型 号 及 规 格	单位	数量	备　注
		金属铠装移开式高压开关柜，12kV，1250A，31.5kA/3s			
		配熔断器，0.5A，3 只			
		电压互感器 $\frac{10}{\sqrt{3}}\Big/\frac{0.1}{\sqrt{3}}\Big/\frac{0.1}{\sqrt{3}}\Big/\frac{0.1}{\sqrt{3}}\Big/\frac{0.1}{3}$kV			
		全绝缘，0.2/0.5(3P)/0.5(3P)/3P，50/50/50/50VA，3 只			
		一次消谐器，1 只			
		无间隙氧化锌避雷器 5kA，HY5WZ－17/45kV，3 只			
		带电显示器（三相），1 组			
		综合状态指示仪			
		柜体尺寸：（宽×深）1000×1500			
7	10kV 开关柜	断路器柜	台	4	电容器电缆出线柜
		金属铠装移开式高压开关柜，12kV，1250A，31.5kA/3s			
		真空断路器，12kV，1250A，31.5kA/3s，1 台			
		电流互感器，300～600/1A，5P30/0.2/0.2S，15/15/5VA，3 只			
		接地开关，31.5kA/3s，1 组			
		无间隙氧化锌避雷器 5kA，HY5WZ－17/45kV，3 只			
		带电显示器（三相），1 组			
		综合状态指示仪			
		电缆下出线			
		柜体尺寸：（宽×深）800×1500			
8	10kV 开关柜	断路器柜	台	2	接地变出线柜
		金属铠装移开式高压开关柜，12kV，1250A，31.5kA/3s			
		真空断路器，12kV，1250A，31.5kA/3s，1 台			
		电流互感器，200～600/1A，5P30/0.2/0.2S，15VA/15VA/5VA，3 只			
		接地开关，31.5kA/3s			
		无间隙氧化锌避雷器 5kA，HY5WZ－17/45kV，3 只			
		带电显示器（三相），1 组			

序号	设 备 名 称	型 号 及 规 格	单位	数量	备 注
		综合状态指示仪			
		电缆下出线			
		柜体尺寸：（宽×深）800×1500			
9	10kV封闭母线桥箱	12kV，4000A，40kA	m	20	
10	20kV穿墙套管	CWW-24/4000	只	6	
11	穿墙套管安装材料		套	2	
	每套含：				
	钢板	δ=10，1800×400	块	2	
	螺栓	M16×135/55	套	12	
	铜焊接		m	2	
12	10kV框架式并联电容器组成套装置	TBB10-3600/200-AK（5%）	套	2	
		容量3.6Mvar，额定电压：10kV			
		含：四极隔离开关、电容器、铁芯电抗器			
		放电电压互感器、避雷器、端子箱等			
		配不锈钢网门及电磁锁			
		标称容量：3.6Mvar			
		单台容量200kvar，配内熔丝			
		电抗率：5%			
		保护方式：开口三角电压保护			
		爬电距离不小于420mm			
13	10kV框架式并联电容器组成套装置	TBB10-4800/200-AK（12%）	套	2	
		容量4.8Mvar，额定电压：10kV			
		含：四极隔离开关、电容器、铁芯电抗器			
		放电电压互感器、避雷器、端子箱等			
		配不锈钢网门及电磁锁			

序号	设　备　名　称	型 号 及 规 格	单位	数量	备　注
		标称容量：4.8Mvar			
		单台容量200kvar，配内熔丝			
		电抗率：12%			
		保护方式：开口三角电压保护			
		爬电距离不小于420mm			
14	10kV 电力电缆	ZC-YJV22-8.7/10-3×300	m	240	4组电容器所需总电缆长度
15	10kV 电力电缆终端	10kV 电缆终端，3×300，户内终端，冷缩，铜	套	8	含开关柜侧
16	接地变、消弧线圈成套装置	10kV，干式，有外壳	套	2	
		阻抗电压：$U_k\% = 6$			
		应含组件：控制屏、有载开关、电压互感器、电流互感器			
		避雷器、断路器（可选）、隔离开关、中电阻、阻尼电阻			
		接地变容量：800/200kVA			
		消弧线圈容量：630kVA			
		安装形式：户内箱壳式			
		爬电距离不小于420mm			
17	10kV 电力电缆	ZC-YJV22-8.7/10-3×240	m	80	2组接地变所需总电缆长度
18	10kV 电力电缆终端	10kV 电缆终端，3×240，户内终端，冷缩，铜	套	4	含开关柜侧
19	1kV 电力电缆	ZC-YJV22-0.6/1-4×240	m	80	2组接地变所需总电缆长度
20	1kV 电力电缆终端	1kV 电缆终端，4×240，户内终端，冷缩，铜	套	4	
21	角钢	50×50×5	m	10	
22	圆钢	Φ20，热镀锌	m	20	
（四）	防雷接地部分				
1	扁紫铜排	-40×4	m	1800	用于主地网
2	紫铜棒	Φ25mm×2500mm	根	120	
3	铜排	-30×4	m	250	用于二次等电位地网

续表

序号	设 备 名 称	型 号 及 规 格	单位	数量	备 注
4	绝缘子	WX-01	个	315	
5	放热焊点		个	550	
6	扁钢	-50×5，热镀锌	m	1000	用于室内环形接地网、全站设备及基础接地、屋顶避雷带引下线
7	多股软铜芯电缆	120mm²，配铜鼻子	m	30	主变智能控制柜与等电位地网相连
8	多股软铜芯电缆	100mm²，配铜鼻子	m	300	用于屏柜与二次等电位地网连接
9	多股软铜芯电缆	50mm²，配铜鼻子	m	8	用于主控室等电位地网与主地网连接
10	多股软铜芯电缆	4mm²，配铜鼻子	m	300	用于屏柜内所有装置、电缆屏蔽层、屏柜门体与屏柜本体接地铜排的连接
11	断线卡及断线头保护盒	附专用保护箱 建议尺寸 300（高）×210（宽）×120（深）	套	13	
12	临时接地端子	附专用保护箱 建议尺寸 300（高）×210（宽）×120（深）	套	25	
（五）	照明动力部分				
1	照明配电箱	PXT(R)-	个	3	具体尺寸见相关图纸
2	动力配电箱	PXT(R)-	个	1	具体尺寸见相关图纸
3	应急疏散照明电源箱		个	1	
4	户内检修电源箱		个	8	
5	户外检修电源箱	XW1（改）	个	3	
6	防眩泛光灯	AC 220V，200W，灯头旋转角度上下±25°，水平180°，灯头银灰色，镀锌钢管支架	套	17	
7	防眩投光灯	AC 220V，250W，金卤灯	套	6	
8	门垛灯	AC 220V，1×60W，含灯源	套	2	
9	LED节能双管灯	AC 220V，2×20W	套	51	
10	事故照明壁灯	AC 220V，60W，含节能灯	套	15	
11	LED防水防潮吸顶灯	AC 220V，40W	套	21	
12	防眩泛光灯具	AC 220V，1×150W，金卤灯	套	15	
13	防爆灯	AC 220V，40W，含节能灯	套	4	
14	防水防潮防腐壁灯	AC 220V，40W，含节能灯	套	24	

续表

序号	设 备 名 称	型 号 及 规 格	单位	数量	备 注
15	LED 安全出口指示灯	DC 36V，2W 120min，带蓄电池	套	15	
16	LED 疏散方向指示灯	DC 36V，2W 120min，带蓄电池	套	30	
17	消防应急灯	DC 36V，6W＋6W，120min，带蓄电池	套	15	
18	门铃及按钮	AC 250V，6A	套	1	
19	暗装单联防水防溅单控开关	AC 250V，16A，带指示灯	个	23	
20	暗装单联单控翘板开关	AC 250V，16A，带指示灯	个	14	
21	暗装单联双控翘板开关	AC 250V，16A，带指示灯	个	16	
22	除湿机、柜式冷暖空调插座箱	内设 380V、25A 四孔插座及 1 个空开	个	6	
23	柜式冷暖空调防爆插座箱	内设 380V、25A 四孔插座及 1 个空开	个	1	
24	暗装二孔、三孔插座	AC 250V，16A，带开关	个	9	
25	暗装电暖气插座	AC 250V，16A，带开关	个	14	
26	暗装电暖气防爆插座	AC 250V，16A，带开关	个	1	
27	暗装壁挂空调、热水器插座	AC 250V，16A，带开关	个	3	
28	电力电缆	ZR－YJV22－0.6/1.0kV－5×6	m	300	
29	电力电缆	ZR－YJV22－0.6/1.0kV－3×4	m	50	
30	电力电缆	ZR－YJV22－0.6/1.0kV－3×6	m	30	
31	电力电缆	ZR－YJV22－0.6/1.0kV－2×4	m	550	
32	电力电缆	ZR－YJV22－0.6/1.0kV－4×16	m	30	
33	电力电缆	ZR－YJV22－0.6/1.0kV－4×25	m	160	
34	电力电缆	ZR－YJV22－0.6/1.0kV－4×70	m	30	
35	电力电缆	ZR－YJV22－0.6/1.0kV－3×50＋1×25	m	150	
36	电力电缆	ZR－YJV22－0.6/1.0kV－3×70＋1×35	m	400	
37	电力电缆	ZR－YJV22－0.6/1.0kV－3×120＋1×70	m	100	
38	耐火铜芯聚氯乙烯绝缘电线	NH－BV－500 2.5mm^2	m	600	
39	铜芯聚氯乙烯绝缘电线	BV－500 6mm^2	m	1760	
40	铜芯聚氯乙烯绝缘电线	BV－500 4mm^2	m	2350	
41	铜芯聚氯乙烯绝缘电线	BV－500 2.5mm^2	m	250	

续表

序号	设备名称	型号及规格				单位	数量	备注
42	镀锌钢管	DN100				m	150	
43	镀锌钢管	DN50				m	140	
44	镀锌钢管	DN32				m	300	
45	镀锌钢管	DN25				m	450	
46	PVC管	Φ70				m	30	
47	PVC管	Φ50				m	100	
48	PVC管	Φ32				m	20	
49	PVC管	Φ25				m	1400	
50	PVC管	Φ20				m	150	
51	户内分线盒					个	300	
52	户外分线盒					个	80	
(六)	电缆敷设及防火材料部分							
6.1	电缆敷设							
1	支柱	角钢	L63×63×6	$L=1300mm$ 热镀锌	1	套	80	
	格架	角钢	L50×50×5	$L=600mm$ 热镀锌	4			
2	支柱	角钢	L50×50×5	$L=1200mm$ 热镀锌	1	套	130	
	格架	角钢	L50×50×5	$L=350mm$ 热镀锌	4			
3	支柱	角钢	L50×50×5	$L=1200mm$ 热镀锌	1	套	125	
	格架	角钢	L50×50×5	$L=500mm$ 热镀锌	5			
4	支柱	角钢	L50×50×5	$L=650mm$ 热镀锌	1	套	300	
	格架	角钢	L40×40×5	$L=300mm$ 热镀锌	4			
5	水平电缆（光缆）槽盒（带盖）	250mm×100mm				m	120	
6	L型防火隔板	300×80×10（宽×翻边高度×厚）				m	240	
7	转接头	电缆槽盒用，"＋"型、"T"型、"∟"型				个	20	
6.2	防火封堵材料							
1	无机速固防火堵料	WSZD				t	6	
2	有机可塑性软质防火堵料	RZD				t	3	

续表

序号	设 备 名 称	型 号 及 规 格	单位	数量	备　注
3	阻火模块	240×120×60	m³	10	
4	防火涂料		t	1	
5	防火隔板		m²	100	
6	防火网		m²	10	
7	角钢	L50×50×5	m	100	
8	扁钢	—60×6	m	100	

表 10－6　　　　　　　　　　　　　　　　　　　电气二次主要设备材料清册

序号	产 品 名 称	型 号 及 规 格	单位	数量	备　注
1	变电站自动化系统				
1.1	监控主机柜	含监控主机兼一键顺控主机 2 台	面	1	组柜
1.2	智能防误主机柜	含智能防误主机一台	面	1	
1.3	Ⅰ区数据通信网关机柜	含Ⅰ区远动网关机（兼图形网关机）2 台	面	1	
1.4	Ⅱ区及Ⅲ/Ⅳ区数据通信网关机	含Ⅱ区远动网关机 2 台、Ⅲ/Ⅳ区远动网关机 1 台及硬件防火墙 2 台	面	1	
1.5	综合应用服务器	含综合应用服务器 1 台	面	1	
1.6	打印机		台	1	
1.7	站控层Ⅰ区交换机	百兆、24 电口、2 光口	台	4	安装在Ⅰ区数据通信网关机柜
1.8	站控层Ⅱ区交换机	百兆、24 电口、2 光口	台	2	安装在Ⅱ区及Ⅲ/Ⅳ区数据通信网关机柜
1.9	公用测控柜	含公用测控装置 1 台，110kV 母线测控装置 2 台，110kV 间隔层交换机 2 台	面	1	
1.10	主变测控柜	1 号主变测控柜含主变测控装置 3 台，2 号主变测控柜含主变测控装置 4 台	面	2	
1.11	110kV 线路测控装置		台	2	安装于 110kV 线路智能控制柜
1.12	10kV 线路保护测控装置		台	24	安装于 10kV 出线开关柜
1.13	10kV 母线测控装置		台	3	安装于 10kV 母线 PT 开关柜
1.14	10kV 电容器保护测控装置		台	4	安装于 10kV 电容器开关柜
1.15	10kV 站用变保护测控装置		台	2	安装于 10kV 站用变开关柜
1.16	10kV 电压并列装置		台	2	安装在 10kV 隔离开关柜
1.17	10kV 分段保护测控装置		台	1	安装在 10kV 分段开关柜

续表

序号	产品名称	型号及规格	单位	数量	备注
1.18	10kV公用测控装置		台	3	10kV Ⅰ、Ⅱ、Ⅲ母PT开关柜内内各布置1台
1.19	10kV间隔层交换机		台	6	10kV Ⅰ、Ⅱ、Ⅲ母PT开关柜内内各布置2台
2	数据网接入设备				
2.1	调度数据网设备柜	每面含路由器1台、交换机2台，套纵向加密装置2台，防火墙1台，隔离装置1台，网络安全监测装置1套	面	2	
2.2	等保测评费		项	1	
3	系统继电保护及安全自动装置				
3.1	110kV备自投装置		1	台	安装于110kV桥智能控制柜
3.2	110kV桥保护测控装置		1	台	安装于110kV桥智能控制柜
3.3	10kV备自投装置		台	1	安装在10kV分段开关柜
4	元件保护				
4.1	主变保护柜	每面含主变保护装置2台，过程层交换机1台	面	2	
5	电能计量				
5.1	主变电能表及电量采集柜	含主变考核关口表5只，电能数据采集终端1台	面	1	
5.2	110kV线路多功能电能表	0.5S级三相四线制数字式	只	2	安装于110kV线路智能控制柜
5.3	10kV多功能电能表	0.5S级三相三线制电子式	只	34	安装于10kV开关柜
6	电源系统				
6.1	交流电源柜	含事故照明回路	面	3	
6.2	直流充电柜	含20A充电模块6个，集成监控装置1套	面	1	
6.3	直流馈电柜	每面含40A空开8个，32A空开8个，25A空开8个，16A空开24个	面	2	
6.4	直流蓄电池	DC 220V，含免维护阀控铅酸蓄电池1套：400Ah，2V，104只	组	1	
6.5	UPS电源柜	含UPS装置1套：7.5kVA	面	1	
6.6	DC/DC通信电源柜	含40A通信电源模块4套	面	1	
7	公用系统				
7.1	时间同步系统柜	含：GPS/北斗互备主时钟及高精度守时主机单元，且输出口数量满足站内设备远景使用需求	面	1	

续表

序号	产品名称	型号及规格	单位	数量	备注
7.2	辅助设备智能监控系统	含后台主机、视频监控服务器、机架式液晶显示器、交换机、横向隔离装置等，组屏1面	套	1	
7.2.1	一次设备在线监测子系统		套	1	
(1)	变压器在线监测系统	包含油温油位数字化远传表计、铁芯夹件接地电流、中性点成套设备避雷器泄漏电流数字化远传表计	套	1	
(2)	GIS在线监测系统	绝缘气体密度远传表计、GIS内置避雷器泄漏电流数字化远传表计	套	1	
7.2.2	火灾消防子系统	包括消防信息传输控制单元含柜体一面、模拟量变送器等设备，配合火灾自动报警系统，实现站内火灾报警信息的采集、传输和联动控制	套	1	
7.2.3	安全防卫子系统	配置安防监控终端、防盗报警控制器、门禁控制器、电子围栏、红外双鉴探测器、红外对射探测器、声光报警器、紧急报警按钮等设备	套	1	
7.2.4	动环子系统	包括环监控终端、空调控制器、照明控制器、除湿机控制箱、风机控制器、水泵控制器、温湿度传感器、微气象传感器、水浸传感器、水位传感器、绝缘气体监测传感器等设备	套	1	
7.2.5	智能锁控子系统	由锁控监控终端、电子钥匙、锁具等配套设备组成。一台锁控控制器、两把电子钥匙集中部署，并配置一把备用机械紧急解锁钥匙	套	1	
8	主变本体智能控制柜	每面含主变中性点合并单元2台，主变本体智能终端1台，相应预制电缆及附件	面	2	随主变本体供应
9	110kV GIS智能控制柜	1号、2号主变进线间隔智能控制柜2面，每面含主变110kV侧合并单元智能终端集成装置1台、相应预制电缆及附件；母线间隔智能控制柜2面，每面含母线智能终端1台、母线合并单元1台、相应预制电缆及附件；线路智能控制柜2面、每面含110kV智能终端合并单元集成装置2台、相应预制电缆及附件；桥间隔智能控制柜1面，每面含110kV智能终端合并单元集成装置2台、2台过程层交换机，相应预制电缆及附件	面	7	随110kV GIS供应
10	10kV智能终端合并单元集成装置		台	6	随10kV开关柜供应
11	故障录波器柜	含1台故障录波器	面	1	
12	网络分析柜	含1台网络记录仪，2台网络分析仪，1台过程层中心交换机	面	1	
13	二次部分光/电缆及附件				

续表

序号	产品名称	型号及规格	单位	数量	备注
(1)	控制电缆	ZR-KVVP2-22-4×1.5	m	1368	
		ZR-KVVP2-22-7×1.5	m	1397	
		ZR-KVVP2-22-10×1.5	m	192	
		ZR-KVVP2-22-14×1.5	m	80	
		ZR-KVVP2-22-7×2.5	m	265	
		ZR-KVVP2-22-4×4	m	3553	（根据具体工程实际情况核实数量）
		ZR-KVVP2-22-7×4	m	337	
(2)	电力电缆	ZR-VV22-2×10	m	115	
		ZR-VV22-2×16	m	90	
		ZR-VV22-1×95	m	50	
		ZR-VV22-3×16+1×10	m	120	
		ZR-VV22-3×10+1×6	m	82	
(3)	铠装多模预制光缆		m	1107	
(4)	铠装多模尾缆	监控厂家提供	m	727	
(5)	免熔接光配箱	MR-3S/12ST	台	5	
		MR-2S/24ST	台	29	
(6)	光缆连接器		台	60	
(7)	光缆槽盒	150×200，要求防火	km	0.3	
(8)	铠装超五类屏蔽双绞线		m	1281	监控厂家提供
(9)	辅助系统及火灾报警用埋管	镀锌钢管Φ32	m	1000	
14	10kV消弧线圈控制柜	含控制器2台	面	1	随一次设备供货
15	智能标签生成及解析系统		套	1	

表 10-7 土建专业主要设备材料清册

序号	产品名称	型号及规格	单位	数量	备注
一	给水部分				
1	PE复合给水管	DN110	m	35	
2	蝶阀	DN100，P_N=1.6MPa	只	2	

续表

序号	产 品 名 称	型 号 及 规 格	单位	数量	备 注
3	倒流防止器	DN100，P_N＝1.6MPa	只	1	
4	水表	DN100，水平旋翼式，P_N＝1.0MPa	只	1	
5	水表井	钢筋混凝土，$A×B$＝2150×1100	座	1	
6	阀门井	Φ1000	座	1	
二	排水部分				
1	PE 双壁波纹管	De315，环刚度≥8kN/m²	m	180	
2	PE 双壁波纹管	De225，环刚度≥8kN/m²	m	40	
3	混凝土雨水检查井	Φ1000	座	12	
4	混凝土污水检查井	Φ1000	座	5	
5	热镀锌钢管	DN200	m	25	
6	UPVC 排水管	DN300	m	22	
7	铸铁井盖及井座	Φ1000，重型	套	12	
8	化粪池	2♯钢筋混凝土	座	1	
9	单箅雨水口	680×380	个	18	
三	消防部分				
	消防泵房部分				
1	消防水泵	Q＝30L/s，H＝52m	台	2	
	消防水泵配套电机	U＝380V，N＝37kW	台	2	
	自动巡检装置				
2	消防增压给水设备				
	气压罐	ϕ1000mm	台	1	
	增压泵	Q＝1L/s，H＝65m，N＝3.0kW	台	2	
3	潜水排污泵	Q＝25m³/h，H＝13m，N＝2.2kW	台	2	
4	手动葫芦	起吊重量2t，起升高度9m	台	1	
5	压力表	0～1.6MPa	个	4	
6	压力表	0～0.6MPa	个	2	
7	电接点压力开关	0～0.1MPa	个	1	

续表

序号	产 品 名 称	型 号 及 规 格	单位	数量	备 注
8	真空表	$-0.15\sim0$MPa	个	4	
9	液位传感器		套	1	
10	消防流量计	DN100，$P_N=1.6$MPa	套	1	
11	闸阀	DN200，$P_N=1.6$MPa	只	2	
12	蝶阀	DN100，$P_N=0.6$MPa	只	2	
13	闸阀	DN150，$P_N=1.6$MPa	只	5	
14	闸阀	DN100，$P_N=1.6$MPa	只	3	
15	闸阀	DN80，$P_N=1.6$MPa	只	2	
16	闸阀	DN65，$P_N=1.6$MPa	只	1	
17	闸阀	DN50，$P_N=1.6$MPa	只	2	
18	泄压阀	DN100，$P_N=1.6$MPa	只	1	
19	试水阀	DN65，$P_N=1.6$MPa	只	2	
20	止回阀	DN50，$P_N=1.6$MPa	只	2	
21	止回阀	DN100，$P_N=0.6$MPa	只	2	
22	止回阀	DN150，$P_N=1.6$MPa	只	2	
23	液压水位控制阀	DN100，$P_N=1.0$MPa	只	2	
24	可曲挠橡胶接头	DN80，$P_N=0.6$MPa	个	2	
25	可曲挠橡胶接头	DN150，$P_N=0.6$MPa	个	4	
26	可曲挠橡胶接头	DN200，$P_N=1.6$MPa	个	2	
27	可曲挠橡胶接头	DN50，$P_N=1.6$MPa	个	2	
28	90°等径三通	DN65 Q235	个	1	
29	90°等径三通	DN80 Q235	个	1	
30	90°等径三通	DN150 Q235	个	2	
31	异径三通	DN200/80 Q235	个	1	
32	异径三通	DN200/50 Q235	个	1	
33	异径三通	DN150/100 Q235	个	1	
34	偏心异径管	DN50/80 Q235	个	2	

续表

序号	产　品　名　称	型　号　及　规　格	单位	数量	备　注
35	偏心异径管	DN150/200 Q235	个	2	
36	同心异径管	DN150/200 Q235	个	2	
37	同心异径管	DN150/100 Q235	个	1	
38	吸水喇叭口	DN250/400	个	2	
39	吸水喇叭口	DN80/100	个	1	
40	吸水喇叭支架	ZB1 ϕ274×426	个	2	
41	溢流喇叭口	DN150	个	1	
42	矩形阀门井	2.15m×1.10m×1.5m	座	1	
43	镀锌钢管	DN200	m	10	
44	镀锌钢管	DN150	m	40	
45	镀锌钢管	DN100	m	6	
46	镀锌钢管	DN80	m	6	
47	镀锌钢管	DN65	m	5	
48	镀锌钢管	DN50	m	4	
49	PE 复合管	DN100	m	3	
50	室外消防部分				
51	室外消火栓	SS100/65－1.6 型，出水口联接为内扣式	套	4	
52	轻型复合井盖及井座	ϕ700mm	套	4	
53	消火栓井	ϕ1200mm	座	4	
54	镀锌钢管	DN65	m	36	
55	镀锌钢管	DN100	m	4	
56	镀锌钢管	DN200	m	204	
57	蝶阀	DN150，P_N＝1.6MPa	套	3	
58	阀门井	ϕ1200mm	座	3	
59	柔性橡胶接头	DN150	套	3	
60	铸铁井盖及井座	ϕ700，重型	套	3	
61	消防沙箱	1m^3，含消防铲、消防桶等	套	2	

续表

序号	产品名称	型号及规格	单位	数量	备注
62	推车式干粉灭火器	MFTZ/ABC50	具	2	
63	消防棚		个	1	
64	室内消防部分				
65	室内消火栓		套	9	
66	蝶阀	DN65，P_N=1.6MPa	套	9	
67	镀锌钢管	DN65，P_N=1.6MPa	m	35	
68	电伴热	1kW	套	9	
69	手提式干粉灭火器	MFZ/ABC4	具	38	
二	暖通				
1	低噪声轴流风机	风量：5881m³/h，全压：113Pa	台	8	
		电源：380V/50Hz，电机功率：0.25kW			
2	低噪声轴流风机	风量：3920m³/h，全压：68Pa	台	4	
		电源：380V/50Hz，电机功率：0.15kW			
3	防爆轴流风机	风量：1649m³/h，全压152Pa	台	2	
		电源：380V/50Hz，电机功率：0.12kW			
4	分体柜式空调机	规格：4.6kW，制冷/制热量：12/14kW	台	2	
5	分体壁挂式冷暖空调	功率：2.5kW，制冷/制热量：2.6/2.9kW	台	2	
6	防爆分体柜式空调	规格：2.5kW，制冷量：12kW	台	1	
7	除湿机	规格：日除湿量210L/d，功率：5kW	台	2	
8	电取暖器	制热量：2.0kW，电源：220V，50Hz	台	18	
9	电取暖器	制热量：2.5kW，电源：220V，50Hz	台	4	
10	电取暖器（防爆型）	制热量：2.5kW，电源：220V，50Hz	台	1	
11	吸顶式换气扇	风量：90m³/h，风压：96Pa	台	2	
12	单层防雨百叶风口	规格：直径110，不锈钢制作	个	2	
13	铝合金防飘雨防尘百叶窗	规格：1500mm×400mm（高）	套	10	
14	单层百叶式风口	规格：1200mm×550mm（高）铝合金	套	3	